JN082216

つくりながら学ぶ！

Pythonによる
因果分析

因果推論・因果探索の実践入門

小川雄太郎 [著]

マイナビ

本書の実装コードは筆者のGitHubもしくはマイナビ出版サポートページからダウンロードできます。

筆者のGitHub：

https://github.com/YutaroOgawa/causal_book

マイナビ出版サポートページ：

https://book.mynavi.jp/supportsite/detail/9784839973575.html

はじめに

　2020年現在、ビジネス現場ではデータ活用の重要性がますます高まり、データに基づいた経営施策の実施、そして施策の効果検証が求められています。

　経営施策実施による効果を正確に推定するためには、一般的な統計指標である"平均"や"標準偏差"、"相関"を求めるだけでなく、"因果"まで分析を広げる必要があります。

　因果分析はこれまで、医学、経済学、工学などのアカデミックな研究分野では頻繁に活用されてきましたが、ビジネスの世界での活用はスタンダードではありませんでした。しかしこれからは、ビジネスの世界でもデータに基づいた経営を実践するうえで因果分析はスタンダードな手法となるでしょう。

　本書はこの因果分析の重要な2つの領域である「因果推論」および「因果探索」を、実際にプログラムを実装しながら学ぶ書籍です。因果推論や因果探索を学びたいビジネスパーソンや、初学者の方を対象としています。

　ここで「因果推論」、そして「因果探索」について簡単に解説します。

　因果推論とは例えば、「テレビCMなどの広告の実施」、「社員へのスキル研修の実施」など、なんらかの施策を実施した際に、その施策の効果を推定する手法です。

　「テレビCMを放映したことで、その商品の売り上げ、購入量はどれくらい増えたのか？」、「スキル研修を実施したことで、社員のスキルはどの程度上昇したのか？」など、施策を実施した際の効果を求めます。

　「施策の実施効果なんて、平均や相関を計算すれば簡単に求まるのではないか？」と思われるかもしれませんが、実はそう単純ではありません。本書の第1章冒頭では、施策の効果推定が実はとても難しい点について例を挙げて解説します。

　因果探索とは例えば、「生活習慣と疾病の大規模調査」、「企業における、働きやすさ、仕事のやりがい、組織や上司への満足度など、働き方改革に伴う社員の意識調査」のような、多くの項目をアンケート調査などで収集した後に、調査項目間に存在する因果関係を求める手法です。

　因果探索の実施により最終的に、「病気を予防したり、社員の職場満足度を向上させたりするためにはどうすれば良いのか、具体的にはどの問い項目が向上すると、最終的に望ましい結果が得られるのか」を明らかにします。

　本書では読者の皆様に、

- ●因果推論、因果探索とはどのようなものなのか？
- ●因果推論、因果探索を実施するには、具体的にどうしたら良いのか？
　分析プログラムをどう実装したら良いのか？

そして、近年発展が目覚ましい機械学習やディープラーニングを取り挙げ、

● 因果推論、因果探索が、どのように機械学習やディープラーニングと結びついているのか？

これらの内容を理解・習得いただける書籍を目指して執筆いたしました。

　本書では、プログラミング言語としてPython、そして機械学習ライブラリscikit-learnを使用します。また第8章ではディープラーニング用ライブラリPyTorchを使用します。

　本書を読み進めるにあたり、

● 少しで良いので、確率・統計の知識（条件付き確率という言葉を聞いたことがある程度）
● 少しで良いので、機械学習を実装した経験（scikit-learnを一度は使用した程度の経験）

があると理想的です。

　ただし、これらの前提知識・経験がない読者の方でも、本書を読みながら、適宜ネットなどで調べることで、内容を理解できるレベルの書籍を心がけました。

　本書は因果推論や因果探索を学びたいビジネスパーソンや初学者の方を対象としています。そのため確率・統計の数学的記述や式変形などは、厳密性よりも初学者への分かりやすさを優先しています。

　厳密な記述や証明が気になる方は、本書を読み終えたのちに、さらなる専門書籍に挑戦いただければ幸いです。

　本書の第1部（第1章〜第5章）にて因果推論を実施します。第1章から第3章で因果推論を実施するために必要な事前知識の解説を行います。第4章では因果推論を実施する具体的な方法を解説し、分析プログラムを実装します。第5章では機械学習を用いた因果推論について解説、実装します。

　第2部（第6章〜第8章）では因果探索を実施します。第6章ではLiNGAM、第7章ではベイジアンネットワーク、第8章ではディープラーニングを用いた因果探索を解説、実装します。なお本書では時系列データは取り扱いません。

　本書の執筆にあたり、第1章から読み進めることで順番に知識を積み上げていき、因果分析の世界を一歩ずつ理解いただけるように執筆を心がけましたが、それでも本書を一読するだけではその理解は難しいかと思います。

　本書の読み進め方としては、まず一度簡単に全体を読み進めてしまい、その後再度、第1章からゆっくりと読み直していただくことをおすすめします。

本書の実装環境と実装コード

　本書の内容はすべて「Google Colaboratory」と呼ばれるWebブラウザ上でPythonを実行できる環境（無料）を使用します。そのためPythonを実行するための環境や、特別なPC、そして有料のクラウドサービスを利用する必要はなく、インターネットにつながるPCさえあれば、すべてのプログラムが実行できるようにしています。

　本書で解説する実装コードは、以下に示す著者のGitHubもしくはマイナビ出版サポートページからダウンロードできます。

URL：https://github.com/YutaroOgawa/causal_book
URL：https://book.mynavi.jp/supportsite/detail/9784839973575.html

正誤表と訂正

　本書の正誤表は著者のGitHubおよびマイナビ出版サポートページに掲載しております。著者の解説や記述などの誤りに気付かれましたら、ご指摘いただければ幸いです。

Issueの活用

　本書の内容に関して、読者の皆様からの質問や訂正があった場合にはGitHubのIssueにて管理します。プログラムの実行エラーや、理解に苦しむ場面に遭遇した際には著者のGitHubのIssueをチェック、活用してみてください。

目　次

第1部

因果推論

第1章

相関と因果の違いを理解しよう

1-1 因果推論が必要となる架空事例の紹介

　本章では「因果とは何なのか？　相関とはどう違うのか？」を理解いただけるように解説を進めます。

　本節では因果推論が必要となる架空事例を紹介します。因果推論とは施策による効果の大きさを推定すること、そして因果とは、

　「テレビCMを放映したことで、その商品の購入量がどれくらい増えたのか？」

　「人事研修を実施したことで、社員のスキルがどの程度上昇したのか？」

など、**とある施策を実施した際に、着目する変数の値がどの程度変化するのかの関係性**を示します。

　因果の大きさ、すなわち施策の効果を推定する手法が**因果推論**です。

　「施策の効果など、平均や相関を計算すれば簡単に求まるのではないか？」と思われるかもしれません。しかし、実はそう単純ではありません。

　これから因果推論にまつわる架空事例として、人事研修の事例を紹介します。

架空事例

　あなたは、企業に勤めており、人事部の部長として働いているとします。

　部下であり、社員研修の実施を担うAさんから、

- **部下を持つ社員のうち、参加を希望した社員の全員に実施した「上司向け：部下とのキャリア面談のポイント研修」**

の効果について報告を受けています。

　Aさんからは具体的に以下のような報告を受けました。

1. 部下社員（上司が、部下とのキャリア面談のポイント研修を受講）と、部下社員（上司が研修を未受講）の中から、ランダムに100名ずつを抽出し、[キャリア面談の満足度]をアンケート調査しました

2. 各100名ずつの［キャリア面談の満足度］の平均を計算した結果、上司が研修を受講した社員の満足度平均値は、上司が研修を受けていない社員の満足度平均値よりも高い値となりました

3. 今回アンケート調査を実施した部下社員100名ずつはランダムに抽出しています。異なる点は上司が研修を受けたか否かのみです

4. よって「上司向け：部下とのキャリア面談のポイント研修」は、部下のキャリア面談の満足度を向上させる効果があります

5. なお、研修実施による効果の大きさは、今回調査した部下社員たちの［キャリア面談の満足度］の平均値の差となります

　以上が、Aさんから受けた報告です。このように報告を受けたあなたは違和感を覚えるかと思います。
　そして次のような会話が続くでしょう。

「Aさん、研修の実施、そして効果検証までありがとう。ただ気になることがあるんだ。
研修を受講したことによる［当該社員の部下のキャリア面談の満足度］への効果を検証しているが、今回の研修は参加希望者を募って、希望者全員に実施したんだよね？」

「はい。」

「わざわざそのような研修を自ら希望して受講する上司は、そもそも［部下育成の熱心さ］が元々高い上司だと思う。
　そんな部下育成に熱心な上司を持つ部下社員なら、**"もし仮にその上司が今回の研修を受けていなくても"**、［キャリア面談の満足度］は、研修を受講していない上司を持つ部下社員の満足度より高くなる気がするんだ。」

……

　おそらく、このような会話が展開されるかと思います。

因果推論に向けて

それでは、人事部長であるあなたが疑問に感じた、今回の会話内容を絵にしてみましょう（図1.1.1）。

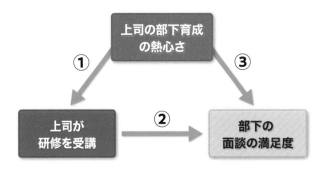

図1.1.1　研修受講に伴う各変数の関係を表した図

図1.1.1を見ると、

- 矢印①：［上司の部下育成の熱心さ］が高いと、上司が［「上司向け：部下とのキャリア面談のポイント研修」を受講］する確率は高くなる
- 矢印②：［上司が研修を受講する］と、［部下のキャリア面談への満足度］が高くなる

という関係性があります。この矢印②が今回検証している研修実施の効果を示します。矢印①、②の2本だけであれば、Aさんの報告は正しいのですが、人事部長のあなたが懸念を抱く通り、

- 矢印③：［上司の部下育成の熱心さ］が高いと、［部下のキャリア面談への満足度］が高くなる

という矢印（関係性）も十分に想像できそうです。

よって図1.1.1においては、**矢印③の存在も考慮しながら、矢印②による効果を推定しないと、研修実施による効果を正確に推定することはできません。**

このように他の変数（要因）からの因果の効果（矢印の影響）も考慮しながら、求めたい直接的な因果の効果を推定する手法が**因果推論**です。

なお、現実世界の職場においては、［部下のキャリア面談の満足度］は図1.1.1のような単純な3変数では表現できないと思います。この図1.1.1は、現実世界を単純にモデル化したも

のです。そのため、図1.1.1に描かれていない様々な要因は、この3つの変数にそれぞれ独自に影響する（すなわち、各変数にノイズとして加わる）という想定となります。

異なる架空事例の紹介

ここまで人事研修を例に話を進めました。その他にも、例えばテレビCMによる購買促進効果の推定も同様になります。テレビCMによる購買促進効果について簡単な図を書いて考えてみましょう（図1.1.2）。

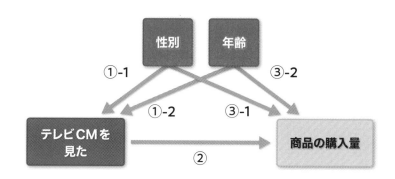

図1.1.2　テレビCMの効果に伴う各変数の関係を表した図

図1.1.2では［テレビCMを見た］かどうかに対して、変数として［性別］と［年齢］が影響しています（矢印の①-1、①-2）。一般的に男性よりも女性の方が、また若者よりも高齢である方がテレビを見る時間は長いため、CMを見る確率も高くなります。

図1.1.2の矢印②が［テレビCMを見た］ことによる、［商品の購入量］への影響、すなわち求めたい因果の関係です。そしてこの矢印②の因果の大きさが、テレビCMの施策効果となります。

ですが、先ほどの人事研修の例と同様に、矢印③-1、③-2が存在しています。これらは［性別］と［年齢］が［商品の購入量］に与える影響です。

ここで仮に、今回の広告商品が「男性の若者向け商品」であったとします。商品が「男性の若者向け商品」の場合、［性別］は男性の方が、そして［年齢］は若い方が、商品の購入量は多くなるでしょう。

このようにテレビCM効果を測定する場合も、矢印③の存在を考慮しなければ、矢印②の効果を正確に推定することはできません。

平均値の差は因果効果を示すのか？

ここで、先ほどの人事研修の事例でAさんが実施したのと同じように、**平均値の差**を計算して、テレビCMの効果を考えてみましょう。

まず、テレビCMを見る確率が高いのは女性の高齢な方です。そして商品を購入しやすいのは男性の若い方です。

ランダムに、"テレビCMを見た人"と、"見ていない人"という観点で100名ずつ集め、商品の購入量の平均値を比べます。テレビCMを見た人たち（集団）は、女性の高齢が多くなり購入量の平均値は低そうです。一方でテレビCMを見ていない集団は、男性の若者が多くなり購入量の平均値は高そうです。

すると、「テレビCMを見た集団の商品購入量の平均値」は「テレビCMを見ていない集団の商品購入量の平均値」より小さくなりそうです。

ということは、（テレビCMを見た集団の平均購買量 - テレビCMを見ていない集団の平均購買量）はマイナスの値になり、**「テレビCMの効果はマイナスです、テレビCMを放映すると売り上げが減ります」** という、明らかに誤った結論になります。

男性の若者向け商品であり、メインターゲット層がテレビCMを見る確率が低いとはいえ、テレビCMの効果がマイナスになるのは、一般的にはおかしいと感じます。

このように、**施策の効果・因果の大きさを推論する際に、単純にその施策を受けた人とそうでない人で平均値を比べる作戦は、多くの場合間違っていることになります。**

因果推論の世界へ

では平均値ではなく、何を求めるべきなのでしょうか？テレビCMを例に引き続き考えてみましょう。

先ほどまで考えていた平均値の差は、「テレビCMを見た人の購入量」と「テレビCMを見ていない人の購入量」の差、となります。

ですが、テレビCMの効果を考えるには、**「テレビCMを見た人の購入量」** と **「テレビCMを見た人が、仮にテレビCMを見ていなかった場合の購入量」との差**、を考えるのが妥当かと思われます。

同様に本節の最初に紹介した人事研修の例では、

［上司が「上司向け：部下とのキャリア面談のポイント研修」を受けた部下のキャリア面談の満足度］と［上司が同研修を受けていない部下のキャリア面談の満足度］の差、ではなく、**［上司が「上司向け：部下とのキャリア面談のポイント研修」を受けた部下のキャリア面談の満足度］と［上司が同研修を受けた部下において、その上司が仮に同研修を受けていなかった場合のキャリア面談の満足度］との差**、を考えるのが妥当かと思われます。

しかしながら、テレビCMの場合も人事研修の場合も、上記の表現には**"仮にその施策を受けなかった場合"**という、実データとして計測できていない状況（そもそも存在しないケース）を考える必要があります。

それではこのような、存在しない仮のケースを考慮し、施策の効果を推定するにはどうすれば良いのでしょうか？

この推定こそが因果推論の手法となります。本書第1部（1〜5章）では因果推論の各種手法について、必要な専門用語の説明、理論と具体的な流れ、そして実装を解説します。

まとめ

本節では人事研修、テレビCMを例にその施策の効果を求める事例を紹介しました。

そして、単純に施策を受けた人と受けていない人で、効果が表れる変数（キャリア面談の満足度や購入量）の平均値の差を計算しても、因果の大きさ（施策の効果）を求めることができない点を紹介しました。

本節では、「単純に平均値の差を求める作戦は、施策の効果、すなわち因果の効果を推定するうえで多くの場合は間違っているのか……」と実感いただれば十分です。

次節では2つの変数の関係性を測る代表的な指標である「相関（相関係数）」に着目します。そして本節と同様に人事研修とテレビCMを例に、相関と因果の違いについて解説します。

1-2 相関と因果の違い、疑似相関とは

本節では「相関」と「因果」の違い、そして **「疑似相関」** と呼ばれる概念について解説します。そして **"相関関係があっても因果関係はない3つのケース"** を紹介します。

相関とは

「相関」とは統計学の分野で使用される、2つの変数の関係性の強さを示す指標です。1.1節で挙げた人事研修を例に、[自分の上司が「上司向け：部下とのキャリア面談のポイント研修」を受講した]ことを変数Z、[キャリア面談の満足度]を変数Yとして、その関係性を図示してみましょう（図1.2.1）。

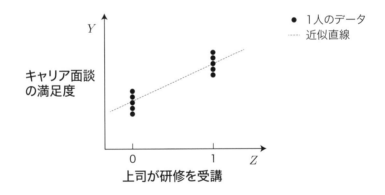

図1.2.1　人事研修に伴う相関関係を表した図

　図1.2.1において変数Zは[研修を受講したかどうか]を示すので、受講していれば$Z=1$、受講していなければ $Z=0$ です。

　ここで図1.2.1の各人のデータを近似する「近似直線」を引きます（図1.2.1の点線）。横軸の[上司が研修を受講]という変数Zは値が0か1の離散値なので、相関関係を示す図として若干の分かりづらさがありますが、図1.2.1の点線の傾きの大きさが変数Zと変数Yの相関の大きさを示します。横軸の値が大きくなると、縦軸の値も大きくなっていることが分かります。

相関（相関係数）は2つの変数が"関係し合っている"場合に大きな値をとり、最大1になります。2つの変数がまったく関係し合っていない場合は0になります。

ここで相関における"関係し合っている"という表現を正確な日本語で表すと、**変数 Z の値が大きいときに、対応する変数 Y の値も大きい傾向にある**となります。このようなとき、変数 Z と変数 Y は相関関係にあると呼びます。なお、変数 Z の値が大きいときに対応する変数 Y の値が小さくなる傾向にある場合は「負の相関」があると呼びます。

図1.2.1も変数 Z が大きいとき（すなわち上司が研修を受講している場合）、変数 Y（すなわちキャリア面談への満足度）も大きな値になる傾向が見て取れます。

よって、［自分の上司が「上司向け：部下とのキャリア面談のポイント研修」を受講する］ことと、［キャリア面談の満足度］が相関関係にあることが分かります。

因果関係とは

では"因果関係にある"とは、どのような日本語で表現されるのでしょうか？　因果関係にあるということを日本語で表現すると、**変数 Z の値を大きくしたときに、対応する変数 Y の値も大きくなる傾向にある**となります。このとき、変数 Z から変数 Y へ因果が存在する（変数 Z と変数 Y は因果関係にある）と呼びます。

相関関係の表現と比較すると、因果関係では"変数 Z の値を大きくしたときに"という言葉が入っており、"大きくする"という操作を示す表現を使用している点が大きな違いです。

ここで、1.1節で人事部長であるあなたが疑問を呈した内容を振り返りましょう。疑問の内容は、「そもそも、上司向け：キャリア面談のポイント研修を希望して受講する上司は、［部下育成の熱心さ］が元々高く、そんな熱心な上司であれば、"もし仮に今回の研修を受けていなくても"、部下の［キャリア面談の満足度］は、研修を受講しなかった上司を持つ部下の満足度よりも高くなる気がする」というものでした。

仮に「上司向けキャリア面談のポイント研修」は効果がまったくなかったとします。

すなわち、研修の効果（因果）がなく、［部下育成の熱心さ］が［上司の研修受講］を促し、ただただ［部下育成の熱心さ］が［キャリア面談の満足度］を向上させている状態です。このような状態を絵に表すと次ページの図1.2.2のように描かれます。

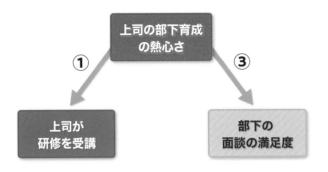

図1.2.2　研修受講が面談満足度に因果しない場合（図1.1.1から矢印②がなくなった）

　図1.2.2は、図1.1.1から矢印②がなくなっています。このような状態においても［自分の上司の部下育成の熱心さ］が大きくなると、［自分の上司が研修を受講する］確率は大きくなります（矢印①）。同様に、［自分の上司の部下育成の熱心さ］が大きくなると、［自身のキャリア面談の満足度］は大きくなる傾向にあります（矢印③）。

　すなわち図1.2.2の状態においては、［自分の上司の部下育成の熱心さ］が大きくなると、［自分の上司が「上司向け：部下とのキャリア面談のポイント研修」を受講する］の値が大きくなり、［キャリア面談の満足度］も大きくなる傾向にあります。

　すると、図1.2.2の状況でも、［自分の上司が「上司向け：部下とのキャリア面談のポイント研修」を受講する］と［キャリア面談の満足度］が高くなり、2つの変数の間に相関関係が生まれます。

　しかしながら両者をつなぐ直接的な因果の矢印はないので、［自分の上司が「上司向け：部下とのキャリア面談のポイント研修」を受講する］の変数の値を仮に大きくしたとしても、［キャリア面談の満足度］の値は変わりません。

　この図1.2.2の例のように、直接の因果関係のない2つの変数に相関関係が見られることを**疑似相関**と呼びます。

　この疑似相関が発生する代表的なケースは3つ存在します。これから疑似相関が生まれる3つのパターンについて解説します。

疑似相関のパターン1

　疑似相関が生まれる1つ目のパターンは「因果の関係が逆」というケースです。変数Zと変数Yの間に相関関係が見られ、変数Zから変数Yに因果がある、と思いきや、実は変数Yから変数Zへ因果があるというケースです。図で示すと、図1.2.3となります。

この状態では変数Zの値を大きくしても、対応する変数Yの値は変化しません。一方で、変数Yの値を大きくすると、対応する変数Zの値は変化します。

図1.2.3 疑似相関のパターン1（因果が逆）

疑似相関のパターン2

疑似相関が生まれる2つ目のパターンは先ほどの人事研修の事例で紹介した、共通する別の変数から、変数Zと変数Yが影響を受けているケースです。図にすると、図1.2.4となります。

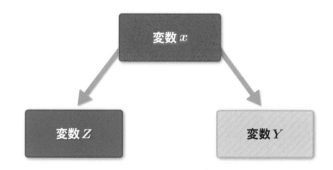

図1.2.4 疑似相関のパターン2（共通の原因）

この状態では変数Zの値を大きくしても、対応する変数Yの値は変化しません。一方で、両変数の上流に存在している変数xの値を大きくすると、対応する変数ZとYの値の両方が変化します。

この上流にある共通変数xのことを、**交絡因子（confounding factor）** と呼び、交絡因子により疑似相関が生まれる図1.2.4のような構造を**交絡（confounding）** と呼びます。

1.1節で解説した人事研修やテレビCMの例は、交絡です。そのため、施策と効果が表れる変数の間に因果の矢印が存在しなくても相関関係が生まれています。

この交絡による疑似相関が生まれる状況下では、施策を受けた集団と受けていない集団の平均値の差を求めても、施策の効果を正確に推定することができません。

疑似相関のパターン3

　疑似相関が生まれる3つ目のパターンは**"合流点での選別"**です。このパターンは上記2パターンと比較すると理解が難しいです。そこで簡単な例を挙げて解説します。

　とあるIT企業における、新卒採用の入社試験を想像してください。

　ここで変数xを、学生の「人間性の得点」とします。例えばリーダーシップ能力やプレゼン能力、コミュニケーション能力などを総合して得点付けしたものと想定してください。

　続いて変数yを、その学生の「ITスキルの得点」とします。ここではプログラミング能力やIT知識などを総合して得点付けしたものと想定してください。

　そして入社試験の方針として、「人間性の得点」と「ITスキルの得点」の両方を考慮して総合的に能力を評価し合格者を決める、とします。

　具体的には「人間性の得点」変数xと「ITスキルの得点」変数yの両者を足し算し、一定以上であった学生を合格とします。すなわち、$x + y > T$の場合に合格とします。ここでTは合格基準（threshold）の得点を表します。

　この合格条件の式を変数yの式に書きなおすと、$y > -x + T$となります。これを満たす場合に合格です。このような関係を絵に描いてみましょう（図1.2.5左）。なお「人間性の得点」と「ITスキルの得点」の間に相関関係はなく、まったく独立した変数と仮定します。

　図1.2.5の左図において点線は$y = -x + T$を示す線です。そのため、この点線より上にある学生は合格となります。

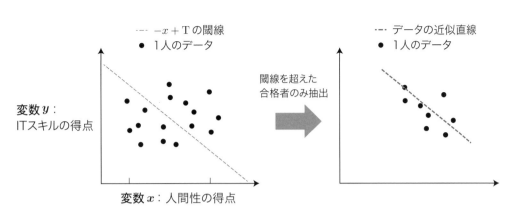

図1.2.5 疑似相関のパターン3（合流点での選抜）のデータ例

　図1.2.5の左側から合格した学生のみを抽出し近似直線（赤色の点線）を描いたものが図1.2.5の右側です。近似直線の傾きはマイナスとなっています。

　「人間性の得点」と「ITスキルの得点」はそれぞれ関係がない独立な変数と仮定していたため、両方ともが高い学生は少ないです。両方とも高い人よりも、「人間性の得点」が高いが「ITスキルの得点」は平均値に近くて低い（しかし、なんとか合格点の閾値Tを超えた）、もしくは「人間性の得点」は平均値に近くて低いが、「ITスキルの得点」は高い、という合格者が多くなります。

　すると、図1.2.5の右側の通り、合格者の「人間性の得点」変数xと「ITスキルの得点」変数yには負の相関関係が現れます。

　つまりこのIT企業の合格者は、「人間性」の高い人は「ITスキル」が低い傾向にあり、逆に「ITスキル」の高い人は「人間性」が低い傾向になってしまいます（あくまで今回のケースでは）。

　今回の例のように、2つの変数の合計を評価するといった操作を"**合流点での選抜**"と呼びます。

　「人間性の得点」と「ITスキルの得点」はもともと関係性がなく独立で、相関関係にはありませんでしたが、合流点で選抜された合格者のデータには相関関係が生まれてしまう、これがパターン3の疑似相関です。

　合流点での選抜による疑似相関は、現実世界でも生じやすいです。とくに人間が何かを評価する際には「良いところを見ることが大切だ、多少悪い点があっても総合的な評価が大切だ」と考えるケースは多いかと思います。

　そのような考えのもとでは、実際に得点を明示的に計算して評価していなくても、頭の中でなんとなく総合的に考えて評価するだけで"合流点での選抜"を実施していることになり、合格集団には負の相関を持つ疑似相関が生まれます。

　最後にパターン3の合流点での選抜による疑似相関の変数の絵を図1.2.6に示します。2つの変数 x, y から総合評価である変数 z へ矢印が伸びる形になります。

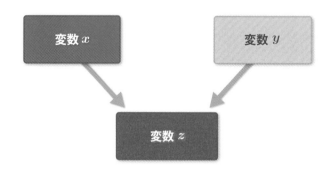

図**1.2.6**　疑似相関のパターン3（合流点での選抜）

まとめ

　本節では相関関係と因果関係の違いについて解説しました。

　相関関係とは"変数 Z の値が大きいときに、対応する変数 Y の値も大きい傾向にある"、因果関係とは"変数 Z の値を大きくしたときに、対応する変数 Y の値も大きくなる傾向にある"、この違いを押さえてください。

　さらに本節では、相関関係はあるが因果関係はないという疑似相関の概念を解説し、3つのパターン（因果が逆、共通の原因、合流点での選抜）を紹介しました。

　このように、**2つの変数（事象）の間に相関関係が見られたからといって、そこに因果関係があるとは限りません。**因果関係を考える際には、疑似相関に騙されないように気をつける必要があります。

　次節では本節で紹介した疑似相関の3つのパターンについて、実際にPythonでプログラムを実装し、その様子を確認してみます。

1-3 Google Colaboratoryを用いた Pythonプログラミング：疑似相関の確認

　本節では1.2節で紹介した疑似相関が生まれる3パターン（因果が逆、共通の原因、合流点での選抜）を、実際にPythonでプログラミングして確認します。

　本書の実装はすべて、Google Colaboratoryと呼ばれるWebブラウザでPythonを実装できるGoogleのサービス（無料）を利用します。

本節の実装ファイル：

```
1_3_pseudo_correlation.ipynb
```

本書プログラムの使用方法

　本書に掲載しているプログラムはすべて公開しており、すぐに使用可能です。Gitの使用方法が分かる方は、筆者のGitHubよりクローンしてご使用ください。

```
https://github.com/YutaroOgawa/causal_book
```

　GitHubのクローンコマンドを使用せずに本書のプログラムファイルをダウンロードする場合は、以下の図1.3.1に示す、サイト（`https://github.com/YutaroOgawa/causal_book`）の、「Clone or download」ボタンをクリックし、「Download ZIP」をクリックして、プログラムを格納したZIPファイルをダウンロードしてください。

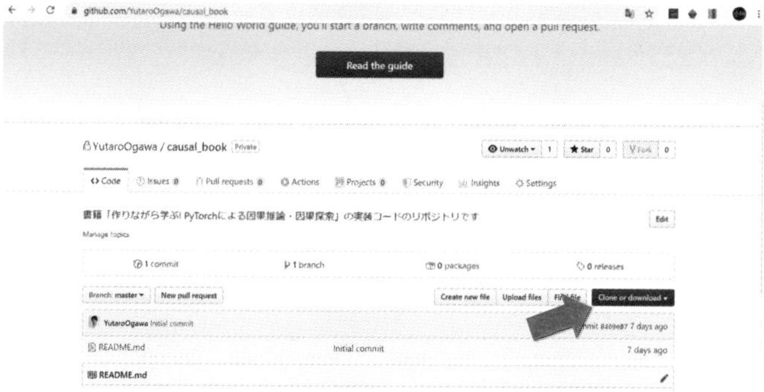

図1.3.1　本書のプログラムファイルをダウンロードする方法

Google Colaboratoryの利用方法

　Google Colaboratoryにて、本節のプログラムファイルを実行します。まず、以下に示すGoogle Colaboratory のURLにアクセスしてください。ブラウザはGoogle Chromeを推奨します。

```
https://colab.research.google.com/
```

　Google Colaboratoryのサイトにアクセスすると、図1.3.2のように「Python3の新しいノートブック」を選択するボタンがあるので、このボタンをクリックしてください。

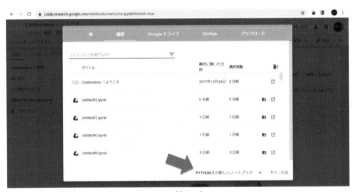

図1.3.2　Google Colaboratoryの使い方1

　次に、図1.3.3に示すように、上部メニューの［ファイル］を選択し、［ノートブックをアップロード］を選択します。すると、Pythonのノートブックファイル（.ipynb）をアップロードできるので、本節で使用する「1_3_pseudo_correlation.ipynb」をダウンロードしたフォルダから選択して、アップロードしてください。

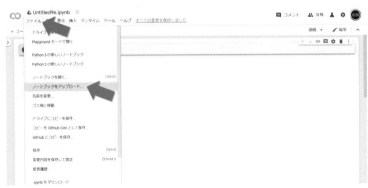

図1.3.3　Google Colaboratoryの使い方2

プログラムの実行

　Google Colaboratoryでは、各セルで［Shift］キーと［Enter］キーを同時に押すことで、そのセルに書かれているプログラムを実行することができます（図1.3.4）。

　［Alt］キーと［Enter］キーを同時に押すと、セルを実行し、さらにその下に新たなセルを作成してくれます。

図1.3.4　Google Colaboratory の使い方3

　ファイル「1_3_pseudo_correlation.ipynb」の1つ目のセルの内容を以下に示します。このセルでは乱数のシードを固定し、プログラムの実行結果が毎回同じになるように設定しています。

```
# 乱数のシードを固定
import random
import numpy as np

random.seed(1234)
np.random.seed(1234)
```

　続いて、今回使用するパッケージ（ライブラリや関数）を import します。

```
# 使用するパッケージ（ライブラリと関数）を定義
# SciPy 平均0、分散1に正規化（標準化）関数
import scipy.stats

# 標準正規分布の生成用
from numpy.random import randn

# グラフの描画用
```

```
import matplotlib.pyplot as plt
%matplotlib inline
```

ZからYへ因果が存在する場合

はじめに、図1.3.5のようにZからYへ因果が存在する場合のデータの様子を確認します。

図1.3.5　ZからYへ因果が存在する場合

データを作成します。以下のコードの「データの生成」部分において、Yを計算する際にZを含んでいます（Y = 2*Z + e_y）。そのため、ZからYへ因果関係が存在しています。

```
# ノイズの生成
num_data = 200
e_z = randn(num_data)
e_y = randn(num_data)

# データの生成
Z = e_z
Y = 2*Z + e_y
```

続いて、ZとYの相関係数を求めます。

```
# 相関係数を求める
np.corrcoef(Z, Y)
```

（出力）

```
array([[1.        , 0.89379611],
       [0.89379611, 1.        ]])
```

出力された相関行列の右上の0.89…、がZとYの相関の大きさです。

データを描画して確認してみます（図1.3.6）。横軸は変数 Z を、縦軸は変数 Y を示します。

なお変数の大きさを描画前に標準化しています（コードの scipy.stats.zscore 部分で、変数の平均が0、標準偏差が1になるよう大きさをリスケールしています）。

相関関係とは "変数 Z の値が大きいときに、対応する変数 Y の値も大きい傾向にある" ことを示しましたが、図1.3.6を見ると確かに相関関係が確認されます。

```python
# 標準化
Z_std = scipy.stats.zscore(Z)
Y_std = scipy.stats.zscore(Y)

# 散布図を描画
plt.scatter(Z_std, Y_std)
```

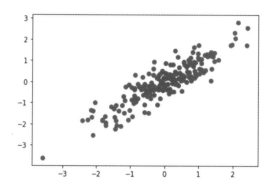

図1.3.6 Z から Y へ因果関係がある場合の Z と Y

以上で Z から Y へ因果が存在する場合の、Z と Y の相関の大きさを確認しました。ここからは、疑似相関が生まれる3パターン（因果が逆、共通の原因、合流点での選抜）を確認します。

1. 疑似相関：因果が逆

因果が逆で、Y から Z へ因果が存在する場合のデータの様子と、相関の大きさを確認します。

```python
# ノイズの生成
num_data = 200
e_z = randn(num_data)
e_y = randn(num_data)

# データの生成
Y = e_y
Z = 2*Y + e_z

# 相関係数を求める
np.corrcoef(Z, Y)
```

（出力）

```
array([[1.        , 0.90390263],
       [0.90390263, 1.        ]])
```

実装コードを確認すると、まず Y を作成し、Y をもとに Z を作成しています。そのため、因果関係は Y から Z です。相関係数は約 0.90 です。

データを描画して確認してみます（図1.3.7）。

```python
# 標準化
Z_std = scipy.stats.zscore(Z)
Y_std = scipy.stats.zscore(Y)

# 散布図を描画
plt.scatter(Z_std, Y_std)
```

横軸は変数 Z を、縦軸は変数 Y を示します。図1.3.6のときとほぼ同じグラフが描画されており、「因果関係が逆であっても、相関係数が大きい場合がある（疑似相関）」、そして「データの見た目からは因果関係の向きが分からない」ということが実感いただけるかと思います。

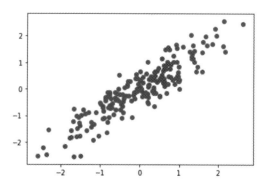

図1.3.7　疑似相関：因果が逆

2. 疑似相関：共通の原因（交絡）

　続いて、変数 Z と変数 Y の間には因果関係はなく、共通の原因（交絡因子）変数 x が存在している場合を確認してみます。

```
# ノイズの生成
num_data = 200
e_x = randn(num_data)
e_y = randn(num_data)
e_z = randn(num_data)

# データの生成
Z = 3.3*e_x + e_z
Y = 3.3*e_x + e_y

# 相関係数を求める
np.corrcoef(Z, Y)
```

（出力）

```
array([[1.        , 0.90572419],
       [0.90572419, 1.        ]])
```

　変数 Z と変数 Y は共通の変数 x（実装コードでは e_x）から因果の矢印が伸びている状況です。変数 Z と変数 Y を計算するときには、お互いに変数 Y と変数 Z を含んでいません。ですが、変数 Z と変数 Y の相関係数は約0.9であり、変数間にはまったく因果関係がないにも関わらず、高い相関係数が確認できます。

　データを描画して確認してみます（図1.3.8）。横軸は変数 Z を、縦軸は変数 Y を示します。

31

こちらも図1.3.5のときとほぼ同じグラフが描画されており、「変数の間に直接的因果関係が存在していなくても、共通変数がある場合には共通変数（交絡因子）から間接的な因果関係が生まれ、相関係数が大きくなる場合がある（疑似相関）」、そして「データの見た目からは直接的な因果関係の有無は分からない」ということが実感できるかと思います。

```
# 標準化
Z_std = scipy.stats.zscore(Z)
Y_std = scipy.stats.zscore(Y)

# 散布図を描画
plt.scatter(Z_std, Y_std)
```

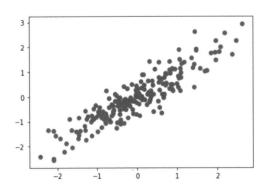

図1.3.8　疑似相関：共通の原因（交絡）

3. 疑似相関：合流点での選抜

最後に疑似相関の3パターン目、合流点での選抜を確認します。まずは選抜前のデータを作成し、描画してみます（図1.3.9）。

```
# ノイズの生成
num_data = 600
e_x = randn(num_data)
e_y = randn(num_data)

# データの生成 1
x = e_x
y = e_y

# 散布図を描画
plt.scatter(x, y)
```

（散布図省略）

図1.3.9　疑似相関：合流点での選抜（選抜前）

　図1.3.9は単純に正規分布に従う変数 x と変数 y をそれぞれ独立に生成し、プロットしています。2つの変数の間には相関関係はなさそうだと確認できます。相関係数を計算して確認してみましょう。

```
# 相関係数を求める
np.corrcoef(x, y)
```

（出力）

```
array([[1.        , 0.00996848],
       [0.00996848, 1.        ]])
```

　相関係数は約0.01となり、2つの変数は相関していないことが分かります。

　続いて、合流点での選抜を行うプログラムを実装します。新たに変数 $z = x + y$ を作成し（合流点を作成）、その値が0以上のみを選抜します。選抜された後のデータをプロットしたのが図1.3.10です。

```
# 合流点を作成
z = x + y

# 新たな合流点での条件を満たす変数の用意
x_new = np.array([])
y_new = np.array([])

# zの値が0以上で選抜してnew変数に追加（append）します
for i in range(num_data):
  if z[i] > 0.0:
    x_new = np.append(x_new, x[i])
```

```
    y_new = np.append(y_new, y[i])

# 散布図を描画
plt.scatter(x_new, y_new)
```

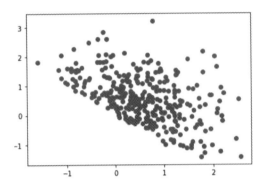

図1.3.10　疑似相関：合流点での選抜

　図1.3.10を見ると、データが右斜め下方向へ分布しており、負の相関がありそうです。相関係数を確かめます。

```
# 相関係数を求める
np.corrcoef(x_new, y_new)
```

（出力）

```
array([[ 1.        , -0.48132747],
       [-0.48132747,  1.        ]])
```

　相関係数は約-0.48となり、負の相関が確かめられました。選抜前は相関がなかった変数xと変数yですが、変数$z=x+y$の合流点を作成し、変数zの値に応じてデータを選抜することで、疑似相関の関係性が生まれました。

　このプログラムは1.2節で紹介した、新入社員の入社試験で、「人間性の得点」と「ITスキルの得点」を総合的に考えて、選抜したケースと同じです。

このように元々因果関係も相関関係もなかった変数 x と変数 y ですが、"合流点で選抜" という操作によって、変数 x と変数 y の間に直接的な因果関係がなくても、変数 z を介して疑似相関が発生しています。

まとめ

以上、本節では 1.2 節で紹介した疑似相関が生まれる 3 パターン（因果が逆、共通の原因：交絡、合流点での選抜）を、実際に Python でプログラミングして確認しました。

本節の実装では、Google Colaboratory を使用しました。本書ではこの先も Google Colaboratory を使用します。

以上で『第 1 章 相関と因果の違いを理解しよう』は終了です。

本章では最初に、人事研修やテレビ CM などの施策実施の効果を求める際に、施策を受けた集団と受けていない集団で単純に平均値の差を求めるだけではその効果を求められないことを解説しました。

そして、直接的な因果の矢印だけではなく、別の因果の矢印の存在も考慮して直接的な因果の矢印の効果を推定することが因果推論であることを説明しました。

続いて、直接的な因果の矢印が存在していなくても相関関係が観測される、疑似相関の 3 パターンを解説しました。このような疑似相関が生まれる構造の下では、平均値の差や相関を見ても、施策の効果を正確に推定することができません。

最後に実際に Google Colaboratory 上でプログラムを実装して、3 パターンの構造において、直接的な因果関係にない 2 変数に疑似相関が生まれている状況を確認しました。

次の第 2 章では、因果推論を実施するにあたり必要となる用語や概念、そして本書で使用する数学記号などについて解説します。

第 2 章

因果効果の種類を
把握しよう

2-1 反実仮想と様々な因果効果（ATE、ATT、ATU、CATE）

本章では因果推論を理解していくために必要となる専門用語や数学表現を解説します。

本節では反実仮想、そして種々の因果効果について、その概念を解説します。

反実仮想

第1章で例に挙げた「上司向けキャリア面談のポイント研修」を用いて解説を行います。

はじめに、**反実仮想（counterfactual）** と呼ばれる概念を紹介します（反事実とも呼びます）[1, 2]。反実仮想とは、「実際には○○したが、仮に○○しなかったとしたら……」と、実際の選択とは別の選択をしたケースを想定することを示します。

第1章では研修による効果を求めるには、［上司が同研修を受けた部下のキャリア面談の満足度］と［上司が同研修を受けた部下において、その上司が仮に同研修を受けていなかった場合のキャリア面談の満足度］を考え、この差が研修の効果と考えられますと説明しました。

上記の表現にある、**"その上司が仮に同研修を受けていなかった場合のキャリア面談の満足度"** が反実仮想です。仮に……、という実際には起こっていない選択を考える点がポイントです。この反実仮想の概念を用いて因果推論を行う手法は、ドナルド・ルービン（Donald Rubin）によって提唱・確立されました[1]。

潜在的結果変数

続いて **潜在的結果変数** について解説します。

とある社員「iさん」の［キャリア面談の満足度］をY^iと表すことにします。そして、「iさん」の上司が［上司向けキャリア面談のポイント研修を受講した場合］を$Z^i = 1$、受講しなかった場合を$Z^i = 0$とします。

さらに、「iさん」の上司が上司向けキャリア面談のポイント研修を受講した場合の「iさん」の［キャリア面談の満足度］、すなわち$Z^i = 1$のときのY^iをY_1^iと記載します。

一方で、「iさん」の上司が研修を受講しなかった場合の「iさん」の［キャリア面談の満足度］をY_0^iと記載します。

ここで重要なポイントは、**"Y_1^iとY_0^iは同時には存在し得ない"** という点です。上司は研

修を受講したか受講しなかったかのどちらかなので、Y_1^i か Y_0^i のどちらかのみが存在します。

　この際に、実際に観測できた変数を結果変数、存在しなかったケースの変数を潜在的結果変数と呼びます。潜在的結果変数は反実仮想を示します。

　例えば「i さん」の上司が、上司向けキャリア面談のポイント研修を受講した場合は、結果変数は Y_1^i であり、潜在的結果変数は Y_0^i となります。

個体レベルの因果効果

　続いて、種々の因果効果について紹介します。はじめに、個体レベルの因果効果について解説します。

　人事研修の例の場合、[上司が同研修を受けた部下のキャリア面談の満足度] と [上司が同研修を受けていなかった場合のキャリア面談の満足度] との差が、個体レベルの因果効果です。

　この文章表現で示す効果は、結果変数と潜在的結果変数を用いて次のように表すことができます。

$$Y_1^i - Y_0^i$$

　この値を、**個体レベルの因果効果**もしくは、**個体レベルの処置効果**と呼びます。英語では**ITE**：Individual Treatment Effect と呼びます。なお ITE の数式は結果変数だけでなく、実際には観測されていない反実仮想の結果を示す潜在的結果変数を含んでいる点がポイントです。

集団レベルの因果効果（ATE）

　ここまで、とある「i さん」個人の因果効果について考えてきました。ここですべての部下社員に関して、研修の効果を考えることにします。

　すべての部下社員、すなわち集団での因果効果を**平均処置効果**と呼びます。英語では、**ATE**：Average Treatment Effect です。

　平均処置効果 ATE を数式で表すと、

$$ATE = E(Y_1 - Y_0) = E(Y_1) - E(Y_0)$$

となります。ここで $E(\ )$ とは期待値（平均値）を求める計算です。具体的には部下社員の合計が N 人の場合

$$ATE = \frac{1}{N}\sum_{i=1}^{N}\left(Y_1^i - Y_0^i\right) = \frac{1}{N}\sum_{i=1}^{N}\left(Y_1^i\right) - \frac{1}{N}\sum_{i=1}^{N}\left(Y_0^i\right)$$

となります。

　一般的に「因果推論を実施する、因果の大きさ、処置の効果を求める」と言った際には、このATEの大きさを求めます。

処置群における平均処置効果（ATT）、対照群における平均処置効果（ATU）

　平均処置効果ATE以外に因果推論でよく使用される概念について説明します。

　処置群における平均処置効果（ATT：Avereage Treatment effect on the Treated）と、**対照群における平均処置効果**（ATU：Avereage Treatment effect on the Untreated）です。

　処置群における平均処置効果ATTとは、実際に処置を受けた集団での平均処置効果です。第1章で例に挙げた、[上司が同研修を受けた部下のキャリア面談の満足度] と [上司が同研修を受けた部下において、その上司が仮に同研修を受けていなかった場合のキャリア面談の満足度] との差は、ATEではなく、「処置群における平均処置効果ATT」を示しています。

　数式で表すと、

$$ATT = E(Y_1 - Y_0|Z = 1)$$

となります。数式にある、縦棒を持つ表記 $E(\ |Z=1)$ は**条件付き確率**（正確には条件付き期待値）を示します。条件付き確率などについては後ほど2.3節にて説明します。ここで上の数式は、変数Zの値が1の人たち（すなわち、上司が研修を受講した部下の人たち）の $Y_1^i - Y_0^i$ の平均を示します。

　対照群における平均処置効果ATUとは、実際には処置を実施しなかった、すなわち上司が研修を受講しなかった部下社員たちにおける、平均処置効果を示します。数式で表すと、

$$ATU = E(Y_1 - Y_0|Z = 0)$$

です。

　ATUは、実際に上司は研修を受講しなかったけど、受講していたとすれば、どれくらい部下の [キャリア面談の満足度] が上昇しただろうか？　を示します。

　ATEと同じく、処置群における平均処置効果ATTも対照群における平均処置効果ATUも、どちらも反実仮想（反事実）を考える必要があり、観測できなかった選択結果である潜在的結果変数を含んでいます。

　なお、ATTはプラスだがATUは0という場合などもあります。研修の例では、自ら受講を希望する上司に研修を提供する場合、部下のキャリア面談の満足度は上がる（ATTがプラス）。しかし、自ら受講を希望しない上司に無理やり受講させても部下のキャリア面談の満足度は変化しない（ATUは0）という状態です。

　なお第1章では因果推論において、「単純に処置を受けた人と受けていない人の平均値の差」を求めるのは、多くの場合間違っていると説明しました。この文章表現を数式で表すと

$$E(Y_1|Z=1) - E(Y_0|Z=0)$$

です。

　この平均値の差を考える作戦は、ATEやATT、ATUとは求めている数式が異なることを実感していただければと思います。そして、この平均値の差の数式には反実仮想（潜在的結果変数）が含まれていません。

　ちなみにATEと平均値の差 $(E(Y_1|Z=1) - E(Y_0|Z=0))$ の差の量を、セレクション・バイアスと呼びます。セレクション・バイアスが生じるケースでは、単純に平均値の差を求めるのは良くないとも言えます。

条件付き処置効果CATE

　本節の最後に、**条件付き処置効果**（**CATE**：Conditional Average Treatment Effect）を紹介します。条件付き処置効果CATEとは、とある特定の条件のもとでの処置効果を示します。数式で表すと次の通りです。

$$CATE(x) = E(Y_1 - Y_0|x)$$

　この数式だけでは分かりづらいので、テレビCM効果の例を式で表してみましょう。いま変数xを性別とし、0を女性、1を男性とします。すると、女性に対するテレビCM効果は、

$$CATE(x=0) = E(Y_1 - Y_0|x=0)$$

と記述されます。

まとめ

　本節では因果推論で使用する概念と様々な因果効果として、反実仮想、結果変数、潜在的結果変数、そして平均処置効果ATE、処置群における平均処置効果ATT、対照群における平均処置効果ATU、条件付き処置効果CATEを紹介しました。

　本節では様々な概念が出てきたため、一読ではその内容が頭に入りきらないかもしれません。読み進めていくうちに、本節で解説した単語が出てきた際には、再度本節を見返してみてください。

　次節では、介入と呼ばれる操作について解説します。

2-2　介入（doオペレータ）とは

本節では介入と呼ばれる概念について解説します。介入はdoオペレータとも呼ばれます。

介入とは

介入（intervention）とは、因果推論したい現象のうち、とある変数の値を変化させる操作を表します。これはジューディア・パール（Judea Pearl）によって提唱・確立された因果推論のための概念です[3,4]。

前節で「上司向け：キャリア面談のポイント研修」を受けていない場合を、変数$Z = 0$と表しました。このとき変数Zに介入するとは、変数Zの値を0から1へと変化させることを意味します。すなわち、"仮に研修を受けさせた場合"という反実仮想を考えることにつながります。

この介入は数式で、

$$do(Z = 1)$$

と記載します。数式上の$do(\ )$を介入操作、doオペレータ（もしくはdo演算子）と呼びます。

介入の概念を使用すれば、反実仮想、潜在的結果変数という、観測されなかったデータに一歩近づくことができます。

ただし注意点があります。例えば、処置群における平均処置効果ATTは、

$$ATT = E(Y_1 - Y_0 | Z = 1)$$

で計算されました。このATTと介入により研修を受講させた状態、すなわち $E(Y_1 - Y_0 | do(Z = 1))$ は異なる、という点に注意してください。

数式で描いたときに、$E(\ \ | Z = 1)$ とは、データのうち $Z = 1$ であった人たちを対象に計算するという、**抽出的な操作**です。一方で、$E(\ \ | do(Z = 1))$ とは集団全員（ここでは部下社員全員）を対象に、[全社員の上司が研修を受講した] という**仮の状況を無理やりに与える操作**になります。

なお、処置群における平均処置効果ATTと介入による結果は異なりますが、平均処置効果ATEと介入は同じになります。平均処置効果は

$$ATE = E(Y_1 - Y_0) = E(Y_1) - E(Y_0)$$

であり、ATEには条件付き確率が出てこないです。そのため、介入した場合でも同じであり、

$$ATE = E(Y_1) - E(Y_0) = E(Y_1|do(Z=1)) - E(Y_0|do(Z=0))$$

です。

　この点は、とある「iさん」の上司が［上司向けキャリア面談のポイント研修を受講した場合］の「iさん」の［キャリア面談の満足度］、すなわち $Z^i = 1$ のときの Y^i を Y_1^i と記載しており、ここでは実際に上司が研修を受講したかどうかは関係ありません。このことからも、ATEに介入の概念を取り入れても、求まる結果は変化せず同じであることが想像できます。

介入による因果の矢印の変化

　先ほど、数式で表現した際に、$E(\quad|Z=1)$ とは、データのうち $Z=1$ の人たちを対象に考える抽出的な考え方である一方で、$E(\quad|do(Z=1))$ は集団全員（部下社員全員）を対象に、"社員の全上司が研修を受講した"という仮の状況を与える操作で、違う概念であると説明しました。

　そのためこの2つは因果関係の矢印の図が異なります。

　図2.2.1の左側が $E(\quad|Z=1)$ の場合です。一方で右側が $E(\quad|do(Z=1))$ の場合です。**重要なポイントは図2.2.1の右側では矢印①が消えている点です**。なぜなら［上司の部下育成の熱心さ］とは関係なく、［上司が研修を受講］の値 Z が 1 に操作されるため、部下育成の熱心さと研修受講の間に因果関係はなくなり、矢印も消えることになります。

$E(\quad|Z=1)$ とは、
この図のうち、$Z=1$ の社員だけを考える

$do(Z=1)$ とは、全社員において
$Z=1$ を与えた場合を考える

図2.2.1　介入した場合の研修受講に伴う各変数の関係

まとめ

　本節では介入という操作を解説し、介入とはとある変数の値を強引になんらかに設定する操作であること、ATTと介入は違うこと、ATEの場合は介入を考えても同じであること、そして介入により因果関係の矢印が変化することを説明しました。

　因果推論においては、反実仮想、潜在的結果変数を考える必要があります。この介入という操作により、一歩そこへ近づくことができました。とはいえ、まだATEやATTをどう計算するかまではたどり着いていません。

　そこへたどり着くために、次節では本書で使用する数学記法を整理し、解説します。

2-3　本書で使用する数学記法の整理

　本節では本書で使用する確率・統計の数学的記述方法を、「日本人の人口構成」を例に解説いたします。

　本節は簡単に読み終えて、本書内で該当の数学的記述が出てきた際に、再度本節を読み直してみることをおすすめします。

変数とデータの表現

　年齢を変数 X_1、性別を変数 X_2 として表した場合に、とある「i さん」の年齢と性別は、X_1^i、X_2^i と表します。

　この2つの変数を合わせて「i さんのデータ」としてベクトルでまとめた際には、$\boldsymbol{X}^i = \left(X_1^i, X_2^i \right)$ と表します。

事象の定義

　第1章で使用した文章表現である「人事研修を受講する」、「テレビCMを見る」などを**事象**と呼びます。事象とは変数に値を与えることを表します。

　例えば、変数 X_1 が年齢を表す場合に、$X_1 > 34$ とは、年齢が34歳より上の人々である、という事象を表します。

　その他、テレビCMを見たかどうかを変数 Z で表すとした場合に、$Z = 1$ とはテレビCMを見た、という事象を意味します。逆に、$Z = 0$ は、テレビCMを見なかったという事象を表します。

確率の表現

変数 X が値 x をとる確率を $P(X = x)$ もしくは $P(x)$ と記載します。

例えば変数 X_1 が年齢を表す場合に、$P(X_1 = 34)$ とは、母集団からランダムに取り出した 1 人の方の年齢が 34 歳である確率を示します。ここで母集団とは標本（手元のデータ）の基となっている理想的集団を表します。

同時確率

年齢を変数 X_1、性別を変数 X_2 として表した場合に、年齢変数 X_1 が値 x_1 を、性別変数 X_2 が値 x_2 となる確率を $P(X_1 = x_1, X_2 = x_2)$ もしくは $P(x_1, x_2)$ と記載し、同時確率と呼びます。

例えば、母集団からランダムに取り出した 1 人の方の「年齢が 34 歳、性別が男性」である同時確率は、$P(X_1 = 34, X_2 = 男性)$ もしくは $P(34, 男性)$ と記載します。

条件付き確率

変数 X_1 の値が x_1 であるときに（すなわち、変数 X_1 が値 x_1 の事象のもとで）、変数 X_2 が値 x_2 をとる確率を条件付き確率と呼び、$P(X_2 = x_2 | X_1 = x_1)$ もしくは $P(x_2 | x_1)$ と表します。

例えば年齢を変数 X_1、性別を変数 X_2 と表した場合に、「年齢 34 歳という事象のもとで、性別が男性」の場合は $P(X_2 = 男性 | X_1 = 34)$ もしくは $P(男性 | 34)$ と表します。この値はおおよそ 0.5（50%）でしょう。

一方で男性の方が女性よりも平均寿命が短いので、$P(X_2 = 男性 | X_1 = 90)$ の場合、すなわち、年齢が 90 歳という事象のもとで、性別が男性の確率は 0.5 より小さな値になるでしょう。ちなみに日本における 90 歳の人口は男性約 10 万人と女性約 30 万人なので、$P(男性 | 90) = 0.25$（25%）となります。

条件付き確率と同時確率は異なるものなので注意してください。例えば同時確率として、年齢が 90 歳の男性は 10 万人程度なので、同時確率 $P(男性, 90)$ は、1 億人に対する 10 万人となり、0.001 という値（0.1%）となります。

つまり日本人全体から 1 人を選択した際にその方が「年齢 90 歳で男性である確率（同時確率）」は 0.1% です。一方で、条件付き確率 $P(男性 | 90)$ は日本人全体からまず年齢 90 歳の方をすべて集めます（約 40 万人）。そして、その中から 1 人を選択した際にその方が「男性である確率（条件付き確率）」であり、25% となります。

以上が条件付き確率の概念となります。

同時確率と条件付き確率の変換

同時確率と条件付き確率は変換式で等価に表せます。同時確率 $P(X_2 = x_2, X_1 = x_1)$ は条件付き確率 $P(X_2 = x_2 | X_1 = x_1)$ を使用して、$P(X_2 = x_2, X_1 = x_1) = P(X_2 = x_2 | X_1 = x_1)$ $P(X_1 = x_1)$ となります。すなわち、事象 $X_2 = x_2$ と事象 $X_1 = x_1$ が同時に発生する確率は、とある事象 $X_1 = x_1$ が発生する確率と、その事象のもとで事象 $X_2 = x_2$ が発生する条件付き確率のかけ算で表されます。

例えば、先ほどと同様に年齢を変数 X_1、性別を変数 X_2 として表した場合に、$P(男性, 90)$ $= P(男性 | 90) P(90)$ です。

これは、まず日本人1人を選択した際に、年齢が90歳の確率は1億人中の40万人なので、0.004（0.4%）です。そのため $P(90) = 0.004$ です。そして、条件付き確率 $P(男性 | 90)$ は 0.25 でした。これをかけ算すると 0.001 の値となり、同時確率 $P(男性, 90) = 0.001$ と一致します。

独立性

ある事象が起こる確率が、別のとある事象による影響を受けない場合、両者は独立であると呼びます。すなわち、変数 X と変数 Y で表される事象 $X = x$ と事象 $Y = y$ が独立な場合、$P(X|Y) = P(X)$ が成り立ちます。逆もすなわちで、$P(Y|X) = P(Y)$ が成り立ちます。

これは例えば、変数 X が性別で、変数 Y が今日の天気（晴れ、曇り、雨、雪のいずれか）とすると、今日の天気が晴れの事象のもと、とある人の性別が男性であるという条件付き確率 $P(X = 男性 | Y = 晴れ)$ は、天気と人の性別は無関係なので独立であり、$P(X = 男性 | Y = 晴れ) = P(X = 男性) = 0.5$ となります。

条件付き独立

　続いて「**条件付き独立**」という概念を説明します。年齢を変数 X_1、性別を変数 X_2 として表した場合に一般的に女性の方が男性より寿命は長いので、年齢と性別は独立ではありません。数式で表すと、$P(X_2 = x_2 | X_1 = x_1) \neq P(X_2 = x_2)$ です。

　ですが、ここで新たに、$C =$ "その人は中学生" という事象を与えます。このとき、$P(X_2 | X_1, C)$ は、中学生と年齢に関する同時確率の事象のもとでの、性別の条件付き確率です。

　中学生の男女比はおおまかには 1:1 なので、年齢が X_1 がおおよそ 13 歳〜15 歳の何歳か分かっても（事象 X_1 のもとで）、性別 X_2 の値はまったく分からず、情報がありません。そのため、年齢と性別は独立となります。数式で書くと $P(X_2 | X_1, C) = P(X_2 | C)$ となります。

　このような場合に "2つの事象 X_2 と X_1 は第3の事象 C の下で条件付き独立である" と呼びます。

まとめ

　以上本節では、変数とデータの表現、事象の定義、確率の表現、同時確率、条件付き確率、同時確率と条件付き確率の変換、独立性、条件付き独立、に関する概念と数学的記述方法を解説しました。

　本節の内容は本書で出現する数学記法の解説です。さらっと読み終えて、本書内で数学的記述が出てきた際に、再度本節を読み直してみることをおすすめします。

　次節では本節で紹介した数学的記述を使用し、介入による操作（do オペレータ）を、do オペレータを使用せずに表現する、調整化公式について解説します。

2-4 調整化公式とは

2.2節では介入という操作について説明しました。介入操作はdoオペレータを使用して表現していました。

本節では介入操作を、doオペレータを使用せずに表現する、**調整化公式**と呼ばれる概念について解説します。

本節の内容は数式も多く、難しいです。最初は簡単に読み進めてしまい、あとから再度本節を読み直すことをおすすめします。

はじめに介入操作によって因果関係の図が変化する点について解説を進めます。

介入操作による因果の矢印の変化

前節で紹介した、介入操作による因果の矢印の変化を示す図2.2.1を再掲します（図2.4.1）。

この図で大切なのは、介入操作により因果の矢印①が消えていることです。なぜなら、上司が研修を受講するかどうかは、介入doオペレータによって$Z = 1$にされるため、上司の部下育成の熱心さとは無関係に、全上司が研修を受講した状態を想定しているからです。

$E(\quad|Z = 1)$ とは、
この図のうち、$Z = 1$の社員だけを考える

$do(Z = 1)$ とは、全社員において
$Z = 1$ を与えた場合を考える

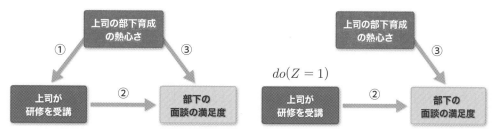

図2.4.1　（再掲）介入を考慮した研修受講に伴う各変数の関係を表した図

第1章では1.2節で疑似相関の3パターンを解説し、因果推論を行うにあたり、やっかいな問題を生むのが疑似相関の存在であることを解説しました。疑似相関が生まれる構造では、直接的な因果の矢印が存在しない変数の間にも間接的に因果が生まれています。

このような**間接的な因果関係が生じ、疑似相関が発生する構造では、うまく変数間の因果効果を推論することができません。**

「本当にそうなのか？」という疑問があるかもしれませんが、この内容を厳密に数式で示すのは本書のレベルを超えているので、割愛します。本書では、「そんなものか〜、疑似相関が生まれるような間接的因果関係があると、直接的な因果の大きさは求めづらそうだな。」程度にご理解いただければと思います。

ここで再度図2.4.1を見ると、左図は［上司の部下育成の熱心さ］という共通変数（交絡因子）を持ち、疑似相関が生まれる構造です。一方で、介入を行った右図では矢印①が消えたことで、［上司が研修を受講］と［部下の面談の満足度］の間に疑似相関が生まれる構造がなくなりました。

すなわち、**介入操作を行えば、疑似相関の原因となる因果の矢印を消すことができる**、という点が重要なポイントです。

調整化公式

介入操作で因果の矢印を消し、疑似相関の構造を潰せることが分かりました。しかし介入操作を示すdoオペレータは一般的な数式操作ではないため、一般的な数式計算ができません。因果の効果（すなわち図2.4.1の矢印②の大きさ）が分かりそうになりましたが、あと一歩が必要です。

ここで**調整化公式**と呼ばれる概念を利用します。調整化公式について、図2.4.2を用いて説明します。左の構造での確率値を$P(\ )$とし、右側の介入により変化した構造（modifiedされた構造）での確率値を$P_m(\ )$と記載することにします。

図2.4.2　調整化公式の説明図

はじめに次の関係が成り立ちます。

$$P(Y = y|do(Z = z)) = P_m(Y = y|Z = z)$$

　この数式は、単に図2.4.2で介入により左側から右側へ構造が変化することを表しています。この数式の左辺は、左側の図においてdoオペレータで変数Zの値がzになるよう介入したときに、変数Yが値yとなる確率を示しています。例えば、変数Zは［「上司向け：キャリア面談のポイント研修」を受講したかどうか］で、値zは0か1です。変数Yは［部下のキャリア面談の満足度］で値yはその満足度の値です。

　上式の右辺はmodifiedのmが入っており、図2.4.2の右側の構造です。変数Zが値zのときに、変数Yが値yとなる確率を示します。右側では介入doオペレータで変数Zの値がzになっているため、このような等式が成り立ちます。

　次に、条件付き確率の公式である、$P(y|z) = \sum_x P(y|z,x)P(x|z)$ という関係性を利用して式変形します。

　難しそうな数式が出てきたので丁寧に解説します。この公式は

- $P(y|z)$：変数Zが値zのもとで、変数Yが値yとなる確率

は、

- $\sum_x P(y|z,x)P(x|z)$：（変数Zが値zかつ変数Xが値xのもとで、変数Yが値yとなる確率）×（変数Zが値zのもとで、変数Xが値xとなる確率）の変数Xがとりうる値xの全パターンの総和

で表される、という意味です。

　この条件付き確率の公式を使うと、

$$P_m(Y = y|Z = z) = \sum_x P_m(Y = y|Z = z, X = x)P_m(X = x|Z = z)$$

と表現できます。

　ここで、この数式は図2.4.2の右側、modifiedされた構造を考えているので、変数Xと変数Zの間に因果関係はありません。そのため、変数Zと変数Xは無関係（独立）であり、

$$P_m(X = x|Z = z) = P_m(X = x)$$

となります。

　よって、最初の数式の右辺は

$$P_m(Y = y|Z = z) = \sum_x P_m(Y = y|Z = z, X = x)P_m(X = x)$$

となります。左辺を書きなおすと最初の数式は

$$P(Y = y|do(Z = z)) = \sum_x P_m(Y = y|Z = z, X = x)P_m(X = x)$$

です。

　ここで図2.4.2を見たときに、変数 X は他からの因果の矢印がない変数であり、その点は左側の図でも右側の図でも同じものです。そのため、

$$P_m(X = x) = P(X = x)$$

となります。

　また、$P_m(Y = y | Z = z, X = x)$ は、変数 Z が値 z かつ変数 X が値 x のもとで、変数 Y が値 y となる確率です。変数 Z と変数 X の両方の値を事前に定めた条件付き確率なので、仮に左側の構造で $P(Y = y | Z = z, X = x)$ として考えたとしても、交絡による疑似相関は生まれません。

　これは言いかえると、変数 Z と変数 X の値が決まっているので、変数 Y の値を決めるのは変数 Y に独自に入るノイズのみであり、左側も右側も変数 Y の値は同じになると言えます。

　よって数式で表すと

$$P_m(Y = y | Z = z, X = x) = P(Y = y | Z = z, X = x)$$

となります。

　すると、

$$\sum_x P_m(Y = y | Z = z, X = x) P_m(X = x) = \sum_x P(Y = y | Z = z, X = x) P(X = x)$$

となります。この表現で最初の式の右辺を記述すると、

$$P(Y = y | do(Z = z)) = \sum_x P(Y = y | Z = z, X = x) P(X = x)$$

となります。この式こそが、調整化公式です。

　この調整化公式を日本語で説明すると、

● $P(Y = y | do(Z = z))$：変数 Z を値 z に介入したときに、変数 Y が値 y となる確率

は、

● $\sum_x P(Y = y | Z = z, X = x) P(X = x)$：(変数 Z が値 z かつ変数 X が値 x のもとで、変数 Y が値 y となる確率) × (変数 X が値 x となる確率) の変数 X がとりうる値 x の全パターンの総和

で表される、という意味です。

　この調整化公式により、介入操作による数式表現 (上式の左辺) が、通常の確率の式で表されました。あとは、この $\sum_x P(Y = y | Z = z, X = x) P(X = x)$ を計算すれば、変数 Z を値 z に介入したときの変数 Y が分かります。

例えば平均処置効果ATEは

$$ATE = E(Y_1) - E(Y_0) = E(Y_1|do(Z = 1)) - E(Y_0|do(Z = 0))$$

から、

$$ATE = \sum_x E(Y|X = x, Z = 1)P(X = x) - \sum_x E(Y|X = x, Z = 0)P(X = x)$$

となります。

　ここで、ここまで確率 $P(\ )$ で表していた調整化公式を期待値 $E(\ )$ で書きなおしています（この書きなおし妥当性については、本書のレベルを超えるので詳細は割愛します。条件付き確率を条件付き期待値に置き換える操作が妥当なケースは、確率分布が期待値で表現できる場合に限ります）。

　この数式を計算すればATEを求めることができます。

まとめ

　本節では介入操作による数式表現を、通常の数式表現に書きなおす調整化公式について解説しました。難しい内容なので、本書を一通り読み終えてから、再度本節を読み直していただければと思います。

　本節でははじめに介入操作doオペレータによって因果の矢印が消えること、そしてその結果、疑似相関が生まれる構造を回避できることを説明しました。

　そして介入操作doオペレータにより変化した構造は、調整化公式を利用することで、元の構造、かつdoオペレータを使用しない数式で表現できることを説明しました。

　この調整化公式の導入により因果推論の実現にだいぶ近づくことができました。しかしながら、因果推論にたどり着くまでにクリアしたい問題がまだいくつかあります。

　とくに大きな問題は調整化公式の変数 X の存在です。本節の図2.4.1のような3変数であれば、疑似相関を生み出す原因となる変数 X がどれか簡単に分かります。しかしたくさんの変数が存在し多くの因果の矢印を持つ複雑な関係図の場合、調整化公式で考慮すべき変数 X がどれなのかを判断するのが難しくなります（考慮すべき変数は1つとは限らず、複数の場合もあります）。

　このような変数が多い複雑なケースにおいて、どの変数を調整化公式で考慮すべきかを判断する方法について第3章で解説します。

　以上で『第2章 因果効果の種類を把握しよう』は終了です。

　本章では反実仮想、潜在的結果変数、そして種々の因果効果（ATEやATTなど）を紹介しました。そして、介入操作であるdoオペレータの紹介と、間接的な因果効果で疑似相関が生まれていると因果推論が困難であるが、介入操作で因果の矢印を消せることを解説しました。そして本書での数式表現を一覧的に説明したあと、介入操作を、doオペレータを使用せずに数式記述する調整化公式について解説しました。

　次の第3章では、変数が多くて因果の矢印が複雑な場合に、調整化公式の変数 X に使用するべき変数をどのように同定するのか解説します。

引用

[1] Rubin, D. B. (1974). Estimating causal effects of treatments in randomized and nonrandomized studies. Journal of educational Psychology, 66(5), 688.

[2] 岩波データサイエンス Vol．3, 岩波データサイエンス刊行委員会, 岩波書店, 2016.

[3] Pearl, J. (1995). Causal diagrams for empirical research. Biometrika, 82(4), 669-688.

[4] 入門 統計的因果推論, J. Pearl 他著／落海浩 訳, 朝倉書店, 2019.

グラフ表現と
バックドア基準を
理解しよう

3-1 構造方程式モデルとグラフ表現（因果ダイアグラム DAG）

　第2章では、因果効果を推定するためには、反実仮想を考える必要があること、そのために介入操作の概念があり、介入すれば因果関係の矢印を変えられること、そして介入して変化した因果構造で因果の大きさを計算するには調整化公式を利用することを解説しました。

　本章では調整化公式で考慮すべき変数を決める方法を解説します。

　具体的には、変数が多くて因果の矢印が複雑な場合に、調整化公式の変数 X に使用する変数をどのように同定するのか、という問題に取り組みます。

　本節では複数の変数間の因果関係を表現する手法として、「構造方程式モデル」と「グラフ表現（因果ダイアグラム）」を解説します。

構造方程式モデル

　1.3節では、変数 x, y, z の因果関係をプログラムで実装する際に、実装コードに式を書きました。このように式を用いて変数間の因果関係を表現する手法を**「構造方程式モデル」**と呼びます。

　構造方程式モデルは英語では、**SEM**：Structural equation model や **SCM**：Structural causal model と呼ばれます。

　例えば、変数 x, y, z がある場合に変数 x の構造方程式は $x = f_x(y, z, e_x)$ と記載します。この式は、変数 x は変数 y, z と誤差変数（error variable）e_x を関数 f_x に代入して求まる、ということを意味します。そのため、この式が示す因果関係として、変数 y から変数 x への因果と、変数 z から変数 x への因果の矢印が存在することになります。ただし、変数 x の値は変数 y, z 以外からも影響を受けてその値が決まり、それらの影響が変数として観測できていないため、その影響は誤差として誤差変数 e_x で表しています。

　構造方程式モデリングでは、自分から自分への影響を持つようなケースは扱わないことが多いため、関数 f_x の引数に変数 x を含まないことが一般的です。

　ここで仮に変数 z から変数 x への因果が存在しない場合、関数 f_x には変数 z の項は含まないことになります。その場合、$x = f_x(y, e_x)$ と記載することもできます。

変数 x, y, z の因果関係をすべて記載すると、

$$x = f_x(y, z, e_x)$$
$$y = f_y(x, z, e_y)$$
$$z = f_z(x, y, e_z)$$

となります。

1.3節の『2.疑似相関：共通の原因（交絡）』では、以下のような実装コードを用いました。

```
Z = 3.3*e_x + e_z
Y = 3.3*e_x + e_y
```

このとき、構造方程式モデリングは

$$X = 0 \times Z + 0 \times Y + e_x$$
$$Y = 0 \times Z + 3.3 \times X + e_y$$
$$Z = 0 \times Y + 3.3 \times X + e_z$$

となります。係数0の項は煩雑なので省略すると、

$$X = e_x$$
$$Y = 3.3 \times X + e_y$$
$$Z = 3.3 \times X + e_z$$

となります。

また、この式のように変数の1次成分のみで表されているモデルを、**線形構造方程式モデル（Linear Structural Equation Model）** と呼びます。すなわち式のなかに、Y や Z などの項が含まれているが、Y^2 や YZ や $\sin Y$ などの高次の項は含まれていない状況です。

構造方程式モデルは変数間の因果関係を厳密に記載でき、そのまま実装コードに落とし込むことができる利点があります。一方で変数が増えるとその記載が大変である、変数が増えると一見では全体の関係性が分かりづらいという欠点もあります。

そこで次に、図を用いて変数間の因果関係を記載する手法を解説します。

グラフ表現（因果ダイアグラムDAG）

　変数間の因果関係を図で表す手法を「**因果ダイアグラム**」と呼びます。これは**グラフ表現**の一種です。

　グラフ表現と聞くと、なにやら難しそうに感じますが簡単です。変数があり、変数たちをつなぐ線（辺）があるだけです。実は本書でこれまで示してきた図が因果ダイアグラムです。例えば、第1章で図解に使用した絵も因果ダイアグラムです（図3.1.1）。

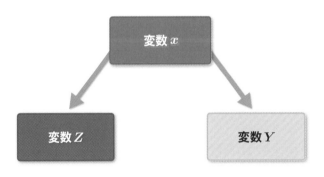

図3.1.1　因果ダイアグラムの例（再掲図1.2.4）

　因果推論の分野では変数を**頂点**（もしくは**ノード**）と呼び、変数と変数の間に因果関係がある場合に頂点同士を**辺**（直線）で結びます。その際に2つの変数のどちらからどちらへ因果が生じているのかが明らかであるときには**矢印**で結びます。このように矢印で結んだ変数の関係を「**有向**」（Directed）と呼びます。向きが有るという意味です。

　一方で変数の間に因果関係がありそうだが、どちらからどちらへ因果があるのか分からない場合は矢印ではなく、ただの直線で結び、**無向**（Undirected）と呼びます。

　そして、変数が観測できている場合には**観測変数**（observed variable）と呼び四角形で囲みます。変数が観測できていない場合は**未観測変数**（unobserved variable）と呼び、点線の楕円で囲みます。誤差変数は因果ダイアグラムでは記載を省略することが多いですが、描く場合は未観測変数として楕円で囲むことが多いです。

　構造方程式モデルでは、関数の変数に自分自身は含まないことが一般的であると説明しました。

　因果推論・因果探索の分野では、自分自身へ因果が存在するようなケース（因果ダイアグラム）は基本的には取り扱いません。なぜなら自分自身へ因果の影響がある場合には自己フィードバックのループによって、どんどん値が大きくなって発散したり、どんどん値が小さくなって0になったりと、不安定だからです（場合によっては値が振動します）。

　もちろん、自己フィードバックが存在しないケースしか扱えないと制限すると、現実世界のデータに対する因果推論・因果探索には使い物にならないです。そのため、ここでの意味は**"一般的な因果推論では、自己フィードバックが他の因果よりも十分に小さく、無視することができるケースを扱う"**ということです。

　また直接的に自己フィードバックが存在していなくても、例えば、変数xから変数yへの因果があり、さらに変数yから変数xへの因果がある場合、$x \to y \to x$という間接的な自己フィードバックが存在します。その場合も変数xの値が大きくなって発散したり、どんどん値が小さくなって0になったり、振動したりと不安定です。そのためこのような間接的な自己フィードバックのループが生まれているケースも取り扱いません（基本的には）。

　この"他の変数を通してフィードバックループが働く状況"、すなわち「とある変数から有向の方向へ変数をたどって行ったときに、もとの変数に戻ってくる因果ダイアグラム（例えば$x \to y \to x$）」を**循環グラフ**もしくは**巡回グラフ**と呼びます。

　逆に「すべての変数において、有向の方向へ変数をたどって行ったときに、もとの変数に戻って来られない因果ダイアグラム」を**非循環グラフ**、もしくは**非巡回グラフ**と呼びます。非循環グラフは英語で、**Acyclic Graph**と記載されます。

　一般的に因果ダイアグラムで記載するグラフは、有向（Directed）で非循環（Acyclic）なものを扱います。このようなグラフは**有向非循環グラフ**、もしくは有向非巡回グラフと呼ばれ、**Directed Acyclic Graph：DAG**と呼びます。

　本書では因果ダイアグラムとしてDAGのみを取り扱います。図3.1.2にDAGとDAGでない例を示します。図3.1.2において左側はDAGです。変数xはZとYの交絡因子（共通因子）になっています。また変数dはxとZの合流点になっています。図3.1.2の右側はDAGではありません。変数Zに着目すると、$Z \to d \to x \to Z$という循環のループが存在しているため、非循環グラフではなく循環グラフになっています。

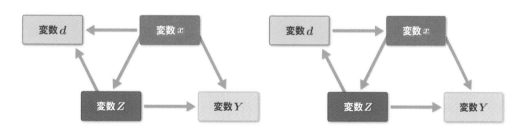

図3.1.2　DAGの例（左）とDAGでない例（右）

まとめ

　本節では複数の変数の間の因果関係を表現する手法として、「構造方程式モデル」と「因果ダイアグラム」を紹介しました。そして因果ダイアグラムにおける有向と非循環の概念について解説し、有向非循環グラフ Directed Acyclic Graph（DAG）を本書で扱うことを解説しました。

　本章ではDAGにおいて、調整化公式の変数 X に使用する変数をどのように同定するのか、という問題に取り組みます。

　次節ではそのために重要な概念となるバックドア基準、d分離について解説します。

3-2　バックドア基準、バックドアパス、d分離

　本節では因果推論を行う際、調整化公式で考慮すべき変数を同定するうえで重要な概念となる、バックドア基準、バックドアパス、d分離について解説します。

　またそれらの概念を感覚的に理解する「プルプル作戦」を解説します（これは著者が因果推論の際に頭でいつもイメージしている手法であり、因果推論の正式な用語ではありません）。

　なお本節の内容は本書のなかでも非常に重要な部分です（因果推論の核です）。しかし一読では完全な理解は難しい内容です。まずは一通り読み進め、本書を一読してから、再度本節をじっくり読み直すことをおすすめします。

本節で実施したいこと

　本節で実施したいことは図3.2.1のようなDAGにおいて、変数Zから変数Yへの因果の大きさを求める際に、調整化公式の変数Xとして考慮すべき変数を洗い出すことです。

　変数Zから変数Yへの因果の大きさを求める際に、因果ダイアグラムの変数（因子）のうち、考慮すべき変数と無視すべき変数を整理します。

　考慮すべき変数という表現を使用しましたが、これは**共変量**（covariate）と呼ばれます。

　また、本書では因果の大きさを求める具体的な手法を解説していないので、共変量の説明における"考慮する"とは「実際に何をどうするするのだ？」という疑問が湧くかと思います。

　第2章で説明したように因果推論においては疑似相関が生まれる因果ダイアグラムの構造を変更する必要があります。そこで本節では「変数を考慮するとは、因果ダイアグラムでその変数を残すこと」と捉えてください。逆に考慮しない、すなわち無視するとは、因果ダイアグラムからその変数を消去すると捉えてください。

　因果の大きさを求める具体的な手続きは次の第4章で説明します。まず本節では、「因果推論において考慮すべき変数を同定できるようになる」ことを目指してください。

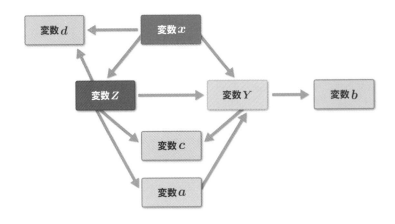

図3.2.1　本節で説明に使用するDAG

バックドアパス

はじめに**バックドアパス**と呼ばれる概念について解説します。

今回因果推論したいのは図3.2.2の変数 Z から変数 Y への因果の大きさとします。すなわち図3.2.2において、変数 Z と変数 Y を直接結んでいる赤色の矢印、この効果の大きさを求めたいです。

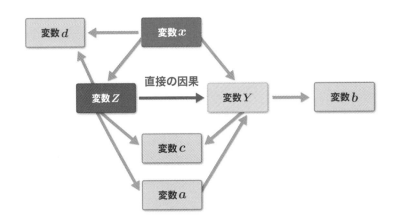

図3.2.2　求めたい因果のダイアグラムと直接効果の矢印

ここでまずは簡単な例を考えてみましょう。図3.2.2から変数 Z、変数 Y、変数 a のみを取り出してみます（図3.2.3）。

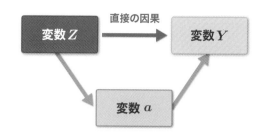

図3.2.3 変数 a による間接的経路

　図3.2.3において、変数 Z が変化したとします。すると Z の変化は直接の因果を示す赤い矢印だけでなく、変数 a を介した**間接的な経路**でも変数 Y へ影響が及びます。

　私たちが知りたいのは変数 Z と変数 Y を直接結んでいる矢印による効果の大きさであり、それ以外の間接的な経路を通じて、変数 Z により変数 Y が変化する効果は排除したいです。

　このような間接的な経路を**バックドアパス**と呼びます。バックドアとは日本語で「裏口の扉」という意味であり、バックドアパスは「裏道、迂回経路」という意味です。

　因果推論では直接的な因果の効果を知りたいので、裏道であるバックドアパスを考慮する必要があります。

　具体的にバックドアパスを考慮するとは、

　　① **不要なバックドアパスを生み出さないようにする**
　　② **既に生じているバックドアパスを閉じるようにする**

という意味です。

　そのためにはバックドアパスを生み出している要因（変数）を把握する必要があります。

　図3.2.3の場合、変数 a の存在を考慮するとバックドアパスが生まれてしまうので、変数 a の存在は無視する必要があります。

　因果ダイアグラムにおいてバックドアパスを理解するイメージとしては、著者はいつも因果ダイアグラムにある変数を"プルプル"させるイメージを持っています（著者は勝手にプルプル作戦と呼んでいます）。

　例えば変数 Z をプルプルと振動させることを想像します（図3.2.4）。すると変数 Y に直接の矢印を通じてそのプルプルが伝わります（図3.2.4の①②③のプルプル）。しかし同時に、変数 a にもプルプルが伝わり、変数 a もプルプルします（④⑤のプルプル）。変数 a がプルプルするとそこから変数 Y へプルプルが伝わってしまいます（⑤⑥⑦のプルプル）。その結果、直接的な因果の経路でのプルプル③と、間接的な経路バックドアパスからのプルプル⑦が混ざった状態で変数 Y がプルプルします。この状態では変数 Z から変数 Y への因果推論は困難です。

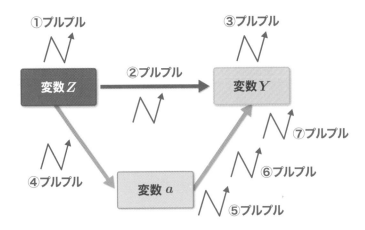

図3.2.4　プルプル作戦（変数aによる間接的経路があると間接的なプルプルが変数yに伝わってしまう）

　よって、変数Zから変数Yへの因果を推論する際に、不要な間接的な経路、バックドアパスを生み出さないためにも変数aは無視すべきだと分かります。

　変数aのような、「因果推論したい2変数の間にある変数」を**中間変数**と呼びます。基本的に中間変数はバックドアパスを生み出す原因となるので、考慮せず、因果推論時には無視します。

　次に、既に生じているバックドアパスを閉じる例を紹介します。図3.2.2から変数x、変数Y、変数Zにフォーカスします（図3.2.5）。

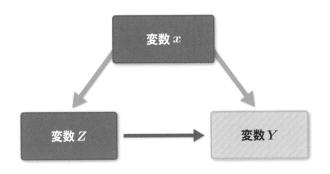

図3.2.5　変数xによる間接的経路

　図3.2.5において、変数xの変化は変数Zと変数Yの両者に変化をもたらします。このダイアグラムでは変数xは交絡因子（共通因子）であり、疑似相関を生み出す原因です。

　先ほど紹介したプルプル作戦で想像すると、変数xがプルプルすると変数Zと変数Yの両

方がプルプルしてしまいます。すなわち変数xの存在により間接的なプルプルが変数Zと変数Yの間に生じています。これが疑似相関を生み出す、という感覚です。

この変数xのように変数Zと変数Yの因果を考える際に、両者の間にバックドアパスを生み出しており、疑似相関の原因となっている因子（変数もしくは要因）を"バックドア基準を満たす因子"と呼びます（バックドア基準については本書のレベルではこの理解で十分です。アカデミックの研究などではバックドア基準の厳密な定義もぜひご確認ください）。

バックドア基準を満たす因子はそのままではバックドアパス（裏道、迂回経路）を生み出しているので、因果推論の際には考慮して、バックドアパスを閉じてあげる必要があります。

バックドア基準を満たす変数を考慮し、バックドアパスを閉じるには介入を利用します。この具体的な操作については本節の最後に解説します。

ここで図3.2.1を再掲します（図3.2.6）。

これまでの解説内容から、図3.2.6の変数aはバックドアパスを生み出すので無視すべき変数、変数xはバックドア基準を満たす因子でありバックドアパスを生み出しているので考慮すべき変数と分かりました。

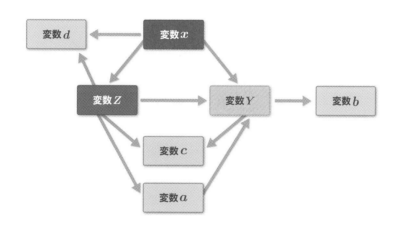

図3.2.6　（図3.2.1再掲）本節で説明に使用するDAG

続いて、図3.2.6の変数bと変数cを考えます。

変数bについては変数Zと変数Yの両方よりも下流にあり、間接的な経路を生み出していないので考慮しても、考慮しなくても問題ありません。**ですが一般的には、因果推論したい両変数よりも下流にある変数は無視します。**

下流の変数を無視するのは変数cのようなケースが存在するからです。変数Z、変数Y、変数cの関係は、1.2節で解説した「合流点での選抜による疑似相関」の形です。変数cを考慮し、因果ダイアグラムに残すと合流点で選抜することになります。

変数 c を残すと合流点での選抜による疑似相関を生み出しバックドアパスが生まれるので、無視する必要があります。

合流点での選抜をプルプル作戦で想像すると図3.2.7となります。変数 Z がまずプルプルします。そのプルプルが変数 c に伝わりますが（図中のプルプル④）、変数 c は合流点で選抜されるため値が固定されていて、プルプルできません。すると変数 c の値を固定するために変数 Y が変数 Z のプルプル④を打ち消すプルプル（図中のプルプル⑥）をして、変数 c にプルプルを伝えることになります（図中のプルプル⑦）。

変数 c は変数 Z に起因するプルプル④とそれを打ち消す変数 Y に起因するプルプル⑦を受け、結果的には固定された値でプルプルしない状態を保ちます。ですがその結果、変数 Z と変数 Y には、変数 c を固定するために余計なプルプルが生まれてしまいます。これは変数 c による間接経路の存在を意味します。よって変数 c は無視します。

因果推論したい両変数の合流点である変数は無視する必要があるのですが、合流点を探すのは面倒なので、因果推論したい両変数よりも下流にある変数はすべて無視してしまうのが一般的です。

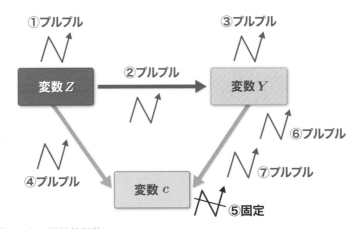

図3.2.7　変数 c による間接的経路

最後に図3.2.6（図3.2.1再掲）の変数 d を考えます。変数 d は考慮するべきでしょうか？それとも無視するべきでしょうか？

結論として変数 d は無視すべきです。変数 d を考慮すると変数 x、変数 Z、変数 d の間で「合流点での選抜」を生み出します。すると変数 x と変数 Z の間で疑似相関が生まれます。すると変数 x を変化させた際に、その変化が疑似相関により変数 Z に伝わり、変数 Z から変数 Y へと伝わるという間接的な因果の経路を生み出します。

すなわち、因果を求めたい両変数の上流にある合流点を考慮すると、疑似相関が生まれ、それが巡って因果推論したい両変数の間に影響を与える可能性があるので、**基本的に上流にある合流点の変数は無視します。**

最後に上流の変数のさらに上流について考えます（図3.2.8）。図3.2.8の左側は変数 x の上流に変数 e が観測されている状態です。図3.2.8の右側は変数 x の上流に変数 e が存在していることは把握しているが観測されておらず、また不明な変数（要因）も存在している状態です。

図3.2.8のような場合、変数 x が、変数 e やその他の未観測な影響を吸収してくれています。そのため、直接的に変数 Y とつながっている変数 x だけを考慮すれば、上流のさらに上流にある変数の影響は無視することができます。

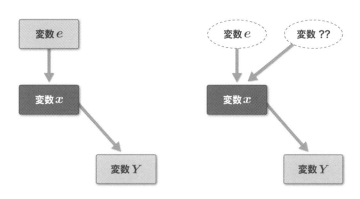

図3.2.8 上流の上流の変数は考慮しない

d分離

図3.2.9の左側に再度、因果ダイアグラムを掲載します（図3.2.6再掲）。そして、ここまでで説明した考慮すべき変数、考慮すべきでない変数を整理します。

中間変数である変数 a は無視します。

両変数より下流にある変数 b と変数 c は無視します。

両変数より上流の合流点である変数 d は無視します。

そして最後に、交絡因子であり、すでにバックドアパスを生み出している変数 x を考慮します。

よって、無視する変数 a、b、c、d は因果ダイアグラムから消えます。そして変数 x によるバックドアパスを閉じます。**バックドアパスを閉じるとは、介入操作doオペレータを用いて因果ダイアグラムの形を変え、バックドアを生んでいる因果の矢印を消す操作です。**図3.2.9の左側では、変数 x から変数 Z への矢印を消すことになります。

　変数xから変数Zへの矢印を消すには変数Zへ介入し、変数Zの値を操作します。すると、変数Zの値が介入で決まるので、変数xからの影響はなくなり、変数xから変数Zへの矢印を消すことになります。

　よって最終的に変更された因果ダイアグラムは図3.2.9の右側となります。図3.2.9の右側は、図3.2.9の左側の因果ダイアグラムにおいて、変数Zから変数Yへの因果の大きさを推定する因果推論のために、不要な変数を無視し、バックドアパスを閉じるように介入して構造を変更した因果ダイアグラムです。

　このように**適切に因果ダイアグラムの変数を無視し、さらに介入を実施して因果推論するために因果ダイアグラムを変更する操作**を、**"d分離する"** と呼びます。ここでd分離のdはdirectional（方向性）の先頭文字を示します。因果推論したい変数間の間接的な経路（方向性）を排除する操作の意味です。

　またこのd分離の操作を経て残っている変数たちが調整化公式で考慮すべき変数です。本節の図3.2.9の右側では変数xのみが残っているので、これが調整化公式で考慮すべき変数であり、変数 a、b、c、d は調整化公式で考慮する必要がない変数となります。

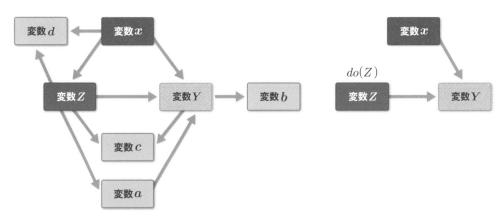

図3.2.9　本節で説明に使用するDAGと変数xを考慮した場合の状態

まとめ

　以上本節では、2変数の因果の大きさを推論する際には直接の矢印以外に間接的な経路、バックドアパスを閉じる必要があることをお伝えしました。そしてバックドアパスは、①変数を加えることで生じる場合、②すでに生じている場合、
があることを説明しました。

　変数を加えることで不要な間接的な経路が生じるため、中間変数（変数a）、下流の変数（変数b, c）、上流にある合流点（変数d）を無視すること、また上流の変数のさらに上流にある要因は考慮しなくて良いことを説明しました。

　また、すでに生じている間接的な経路を閉じるために、交絡因子（変数x）を考慮し、バックドアパスを閉じるために、介入を実施して、不要な因果の矢印を消す必要があることを紹介しました。

　これらの操作をd分離と呼びます。本節の内容は非常に重要ですが、一読では完全な理解は難しいかと思います。ぜひ本書を一読してから再度本節を読んでみてください。理解が進むかと思います。

　次節以降、d分離を実施したあと実際に因果の大きさを推論する具体的な手法を解説します。次節では、因果効果を平均値の差で考えることができるランダム化比較試験について解説します。

3-3 ランダム化比較試験RCTによる因果推論

　本節では、ランダム化比較試験（RCT：Randomized Controlled Trials）による因果推論を解説します。具体的には因果ダイアグラムに対して前節で解説したd分離を行い、各種因果効果ATEやATTなどを計算する方法を説明します。

「上司向けキャリア面談のポイント研修」でのRCTによる因果推論

　前節では変数Zから変数Yへの直接の因果の効果を求めるためには、d分離を実施し、間接的な経路バックドアパスを消すことが大切であり、具体的操作として変数Zに介入することで変数xから変数Zへの因果の矢印を消すことを解説しました（図3.3.1）。

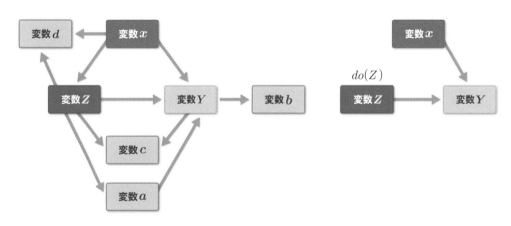

図3.3.1　DAGと変数xを考慮した場合の状態（再掲図3.2.9）

　変数xやZで説明していると分かりづらいので、再度、「上司向けキャリア面談のポイント研修」を例に考えましょう（図3.3.2）。

　変数xは［上司の部下育成への熱心さ］です。変数Zは［上司が研修を受講したかどうか］、変数Yは［部下のキャリア面談への満足度］となります。

　ここで、変数xの［上司の部下育成への熱心さ］から変数Zの［上司が研修を受講したかどうか］への因果の矢印を消すために、上司が研修を受講するかどうかは、その上司の自発

性に任せ、任意参加の研修にするのではなく、人事部でランダムに研修に参加させるかどうかを決定するとします。すると、［上司が研修を受講したかどうか］は［上司の部下育成への熱心さ］とは無関係になり、因果の矢印が消えます。この変数Z（上司が研修を受講）の値をランダムに決める操作が**ランダム化比較試験（RCT）**となります。

ランダム化比較試験は変数の値をランダムに決めてしまうので、一種の介入操作です。

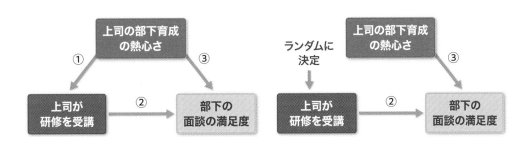

図3.3.2　人事研修を例にしたランダム化比較試験RCTの様子

図3.3.2の左側において、変数［部下の面談の満足度］には、変数［研修の受講］と変数［上司の部下育成の熱心さ］が因果関係を有しており、影響を与えています。

ここでランダム化比較試験を実施すれば、［研修の受講］の値がランダムに決まるで、［上司の部下育成の熱心さ］の平均値は、研修を受講した上司の集団と、受講していない上司の集団で同じ程度の値になります。

したがって、ランダム化比較試験においては、［上司の部下育成の熱心さ］を無視することができ、「上司が研修を受講した部下の面談の満足度の平均値」と「上司が研修を受講していない部下の面談の満足度の平均値」の差が、「上司向けキャリア面談のポイント研修」の効果と考えることができます。

すなわちランダム化比較試験においては、平均処置効果ATEを数式で表すと、

$$ATE = E(Y_1 - Y_0) = E(Y_1) - E(Y_0)$$

であり、これは

$$ATE = E(Y_1) - E(Y_0) = E(Y_1|Z=1) - E(Y_0|Z=0)$$

という、反実仮想（潜在的結果変数）を含まない形で簡単に計算できます。

要は、「上司が研修を受講した部下のキャリア面談の満足度の平均値 − 上司が研修を受講していない部下のキャリア面談の満足度の平均値」が研修の因果効果（ATE）となります。

このようにランダム化比較試験による介入は、調整化公式で考慮すべき変数であった共変量（図3.2.1や図3.2.2の変数x）の存在を無視することができます（集団の平均効果を考え

た場合には）。

　大学や大学院などの卒業研究や修士研究で実験を実施する際には、被験者やサンプルをランダムに選んで処置群とコントロール群を作成し、実験結果の平均値の差を比較し、処置の効果を確認することが一般的です。

　このようなの一般的な実験方法はランダム化比較試験RCTであり、共変量となる変数から処置の結果変数への影響をキャンセルしていることになります。

まとめ

　本節ではランダム化比較試験RCTとその際の平均処置効果ATEの計算手法（といっても、それぞれの平均値の差を計算するだけ）を紹介しました。

　しかしながら、RCTでは処置群における平均処置効果（ATT）、対照群における平均処置効果（ATU）は求めることができません。そもそもRCTでは処置を受けるかどうかが主体的に決まりません。処置を受けるか否かがランダムに決められているので、ATTやATUという概念が存在しません。

　本節で「第3章 グラフ表現とバックドア基準を理解しよう」は終了となります。本章では構造方程式モデル、グラフ表現を用いた因果ダイアグラム、そして有向非循環グラフDAG（ダグ）を紹介しました。続いてDAGにおいて因果推論を実施するために、考慮すべき変数と無視すべき変数を整理しバックドアパスを閉じる操作（d分離）を解説しました。このd分離後の因果ダイアグラムに残った変数が調整化公式の変数Xに使用する変数となります。そして最後に、因果の大きさを求める1つの手法としてランダム化比較試験RCTを紹介しました。

　しかしながら、実際のビジネス現場などは大学の研究のような実験環境を整えやすい状況ではありません。ランダム化比較試験RCTとして、人事研修を受講させる社員をランダムに決めたり、テレビCMの効果を確かめるためにテレビCMを視聴する人を完全ランダムにコントロールしたりすることは困難です。

　ではランダム化比較試験RCT以外で因果推論を実施するにはどうすれば良いのでしょうか？　次の第4章ではRCT以外の方法で因果推論を実施する手法を解説、実装します。

因果推論を実装しよう

4-1 回帰分析による因果推論の実装

　第3章までで因果推論に必要な概念、事前知識について解説しました。第3章で取り上げた、因果推論で使用する変数を整理するd分離のあと、施策による直接的な効果の大きさ（因果の大きさ）を推定することになります。

　本章では因果の大きさを推定する、すなわち因果推論を実施する手法として、回帰分析、IPTW法、DR法について、解説、実装します。

　本節では回帰分析について解説します。

本節の実装ファイル：

```
4_1_reggresion_adjustment.ipynb
```

回帰モデルの導出

　回帰分析による因果推論では、回帰モデル、すなわち入力変数を与えたときに出力変数の値を求めるモデルを構築します。

　回帰モデルの出力変数には因果効果が表れる変数を使用します。モデルへの入力変数は観測・取得した全変数を使用するのではなく、バックドアパスを閉じるように因果ダイアグラムをd分離した後に残っている変数のみを使用します。このようにd分離を考慮した回帰モデルを構築するので、回帰分析による因果推論を英語ではregression adjustmentと呼びます（adjustmentは調整という意味です）。

　因果推論したいモデルとして、図4.1.1のようなケースを想定します。図4.1.1は図1.1.2の再掲であり、テレビCM効果の架空事例です。図4.1.1の因果ダイアグラムからテレビCM効果を推定します。

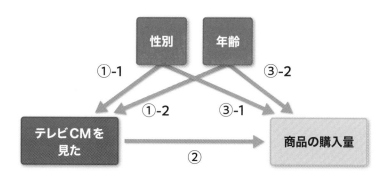

図4.1.1 因果推論を実施するモデル（再掲図1.1.2）

　図4.1.1の年齢を変数x_1、性別を変数x_2として表し、とある「iさん」の年齢と性別は、x_1^i、x_2^iと表すことにします。

　とある「iさん」が［テレビCMを見た］かどうか、すなわち処置を受けたかどうかをZ^iと記載します。処置を受けた、すなわちテレビCMを見た場合は$Z^i = 1$となり、Z_1^iと記載することにします。一方で処置を受けていない、すなわちテレビCMを見ていない場合はZ_0^iと記載します。この変数Zのように、処置を受けたなどを示す変数は**原因変数**とも呼ばれます。

　続いて、とある「iさん」の商品の購入量（連続変数）をY^iと記載します。$Z^i = 1$の場合はY_1^iと記載し、$Z^i = 0$の場合はY_0^iと記載します。Yのような、処置による結果が現れる変数は**結果変数**とも呼ばれます。

　図4.1.1では年齢変数x_1と性別変数x_2は、変数Zと変数Yの間に疑似相関を生む交絡因子（共通因子）です。そのためd分離するには変数x_1と変数x_2を考慮する必要があります。

　これは感覚的には、d分離した後に残っている変数（共変量）を考慮して、結果変数を求めるという操作です。

　この場合、具体的には以下のような2つの式を立てます。

$$Y_1^i = f_1\left(Z^i, x_1^i, x_2^i\right)$$
$$Y_0^i = f_0\left(Z^i, x_1^i, x_2^i\right)$$

　ここで、本節の例では結果変数Yが連続値なので、上記の関数$f(\ )$には線形回帰を利用します。結果変数Yが離散値（カテゴリー変数）であった場合にはロジスティック回帰を使用します。ロジスティック回帰については次節で解説を行います。

　ここで、性別を示す変数x_2はカテゴリー変数であり、女性の場合を0、男性の場合を1とすることにします。年齢を示す変数x_1は連続的な整数値となります。

　線形回帰モデルの形で上式を書きなおすと、

$$Y_1^i = b_{z1}Z_1^i + b_1x_1^i + b_2x_2^i + b_0 = b_z \times 1 + b_1x_1^i + b_2x_2^i + b_0$$
$$Y_0^i = b_{z0}Z_0^i + b_1x_1^i + b_2x_2^i + b_0 = b_z \times 0 + b_1x_1^i + b_2x_2^i + b_0$$

となります。ここで、変数 b は各係数を示し、b_0 はバイアス項（Z^i, x_1^i, x_2^i がすべて 0 のときの変数 Y の値）です。上記において処置の変数 Z は 0 か 1 の 2 値であり、b_{z0} にかかる Z_0^i が 0 であるため、$b_{z1} = b_{z0} = b_z$ と書きなおしても問題ありません。

その結果、関数 f_0 と関数 f_1 は同一になり、回帰モデルは最終的に

$$Y^i = b_z Z^i + b_1 x_1^i + b_2 x_2^i + b_0$$

となります。あとは実際のデータからこのモデルの係数 b_z, b_1, b_2, b_0 を求めるだけです。

回帰モデルの実装

　本節ではテレビ CM 効果を確かめる疑似ケースの実装を行います。実装環境は 1.3 節と同じく Google Colaboratory を使用し、回帰モデルを求める際に、Python の機械学習ライブラリである scikit-learn を使用します。

　はじめに疑似データを作成します。

　年齢変数 x_1 は 15 歳から 75 歳の一様分布に従うとします。性別変数 x_2 は 0 を女性、1 を男性とし、50% の確率で男性か女性とします。

```
# データ数
num_data = 200

# 年齢
x_1 = randint(15, 76, num_data)  # 15から75歳の一様乱数

# 性別（0を女性、1を男性とします）
x_2 = randint(0, 2, num_data)  # 0か1の乱数
```

　次にテレビ CM を見たかどうかを決めます。年齢 x_1 が高いほど、そして性別 x_2 が男性よりも女性の方がテレビ CM を見る確率（処置を受け、Z^i が 1 となる確率）が高いとします。この Z^i を作るために、シグモイド関数

$$\mathrm{sigmoid}(x) = \frac{1}{1 + \mathrm{e}^{-ax}}$$

を利用して、

$$Z_{prob}^i = \mathrm{sigmoid}\left[x_1 + (1 - x_2) \times 10 - 40 + noise^i\right]$$

を計算します。Z_{prob}^i は 0 から 1 の値となり、その割合に応じて確率的にテレビ CM を見たかどうか（$Z^i = 1$）を計算します。つまり、Z_{prob}^i が 0 に近いと $Z^i = 0$ になりやすく、Z_{prob}^i が 1 に近いと Z^i は 1 になりやすいです。

実装コードは次の通りです。シグモイド関数の係数aは0.1としています

```
# ノイズの生成
e_z = randn(num_data)

# シグモイド関数に入れる部分
z_base = x_1 + (1-x_2)*10 - 40 + 5*e_z

# シグモイド関数を計算
z_prob = expit(0.1*z_base)

# テレビCMを見たかどうかの変数（0は見ていない、1は見た）
Z = np.array([])

for i in range(num_data):
    Z_i = np.random.choice(2, size=1, p=[1-z_prob[i], z_prob[i]])[0]
    Z = np.append(Z, Z_i)
```

購入量Y^iは

$$Y^i = -x_1 + 30x_2 + 10Z^i + 80 + noise^i$$

で決まるとします。年齢x_1が大きいほど購入量は減少し、男性（$x_2=1$）の方が購入量は多く、テレビCMを見ていると（$Z^i=1$）購入量が増えます。ここでテレビCMの係数が10なので、テレビCMによる購入量への効果は＋10が正解となります。

購入量Y^iの実装は次の通りです。

```
# ノイズの生成
e_y = randn(num_data)

Y = -x_1 + 30*x_2 + 10*Z + 80 + 10*e_y
```

ここで各データをまとめた表を作成し、さらにCMを見た人と見ていない人で購入量Yなどの平均を比較してみます。

```
df = pd.DataFrame({'年齢': x_1,
                   '性別': x_2,
                   'CMを見た': Z,
                   '購入量': Y,
                   })

df.head()  # 先頭を表示
```

df.head()の出力結果は図4.1.2の通りです。

	年齢	性別	CMを見た	購入量
0	62	0	1.0	24.464285
1	34	0	0.0	45.693411
2	53	1	1.0	64.998281
3	68	1	1.0	47.186898
4	27	1	0.0	100.114260

図**4.1.2**　生成したデータの様子

続いて、CMを見た人と見ていない人で各列の平均値を比べます。

```
# 平均値を比べる

print(df[df["CMを見た"] == 1.0].mean())
print("--------")
print(df[df["CMを見た"] == 0.0].mean())
```

（出力）

```
年齢        55.836066
性別         0.483607
CMを見た     1.000000
購入量       49.711478
dtype: float64
--------
年齢        32.141026
性別         0.692308
CMを見た     0.000000
購入量       68.827143
dtype: float64
```

　テレビCMを見た人の方が、平均年齢が高く、また性別も女性が多いです。しかしながらテレビCMを見た人の平均購入量は約49.7に対して、テレビCMを見ていない人の平均購入量は約68.8と、テレビCMを見ていない人の方が、平均の購入量が多くなっています。そのため、単純に平均値の差を見ると、テレビCMを見た人の方が、平均購入量が約20も少なくなっています。

続いて、この作成した模擬データに対して、テレビCMの効果を因果推論する回帰分析を実行します。

```
# scikit-learnから線形回帰をimport
# https://scikit-learn.org/stable/modules/generated/sklearn.linear_model.
  LinearRegression.html
from sklearn.linear_model import LinearRegression

# 説明変数
X = df[["年齢", "性別", "CMを見た"]]

# 被説明変数（目的変数）
y = df["購入量"]

# 回帰の実施
reg = LinearRegression().fit(X, y)

# 回帰した結果の係数を出力
print("係数：", reg.coef_)
```

（出力結果）

```
係数： [-0.95817951 32.70149412 10.41327647]
```

実装コードでの出力結果を見ると、年齢に対する係数が-0.95、性別に対する係数は32.7、そしてCMを見たことによる購入量の増加の係数は10.4となりました。

模擬データの係数はそれぞれ、-1、30、10であったので、データ生成時の係数と因果推論した係数がほぼ一致しています。

よって、CMを見たことによる購入量の増加は10.4と推定され、**「テレビCMを見ると、購入量が平均で10.4増える」**という処理の効果が明らかになりました。

最後に平均処置効果ATE、処置群における平均処置効果ATT、対照群における平均処置効果ATUを求めます。といっても今回は変数Y^iについての回帰モデルを線形に構築しているので、変数Z^iの係数の10.4が因果の効果となり、ATE、ATT、ATUはすべて等しく、10.4となります。

以上、因果推論の回帰分析でした。線形な回帰モデルを構築し、入力変数にはd分離したあとで因果ダイアグラムに残っている変数を使用しました。これらの変数を回帰モデルの入力変数に使用した理由は、d分離したあとでも残っている変数はバックドアパスを生むため、バックドアパスを閉じるために考慮をする必要があります。回帰分析で回帰モデルを構築する際に、これらの変数を明示的に入力変数に利用することは、これらの変数からのバックドアパスの存在を閉じることになります（厳密な説明になっていませんが、本書のレベルでは

79

そうなのか、程度に理解いただければと思います）。

　すると、今回の結果のように、年齢に対する係数-0.95、性別に対する係数32.7と、共変量が結果変数に与える影響を個別に求めることができ、結果変数に対する原因変数Zの影響と共変量の影響を分離することができます。

回帰モデルの補足

　以下に示す図4.1.3のように、仮に結果変数Yにだけ効く別の変数aが観測できている場合、d分離をする際に変数aを残す必要ありません。すなわち変数aは疑似相関、間接的因果を生み出していないですが、変数Yの正確な回帰モデルを構築するために回帰モデルの入力変数として考慮する方が正確な因果推論が可能になります。

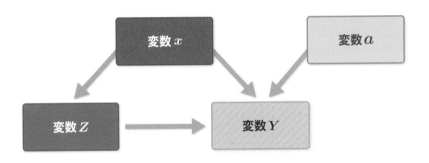

図4.1.3　回帰分析の補足

まとめ

　本節では線形回帰モデルを構築することにより、因果効果を推論する手法を解説しました。ポイントは、第3章で解説したd分離の操作のあとに残っている変数を入力変数として回帰モデルを構築する点です。

　ただし本節の線形回帰では、因果の効果や変数間の関係性が線形でない場合にはうまく推論できません。現実世界は基本的に非線形であることが多いです。このような非線形な関係性を持つ場合の因果推論については第5章で取り扱います。

　次節では、傾向スコアと呼ばれる指標を用いたIPTW法と呼ばれる因果推論を解説、実装します。

4-2 傾向スコアを用いた 逆確率重み付け法（IPTW）の実装

　本節では、傾向スコアと呼ばれる指標を使用した、逆確率重み付け法（IPTW：Inverse Probability of Treatment Weighting もしくはIPW：Inverse Probability Weighting）を解説・実装します。

　データには4.1節と同じく、テレビCMによる購入量変化の疑似データを作成して使用します。

本節の実装ファイル：

```
4_2_iptw.ipynb
```

傾向スコアとは

　逆確率重み付け法（以降、IPTW法と呼ぶ）は、測定されたデータに対して、処置を受ける確率に類する値、すなわち「処置を受ける傾向」を示す指標である**傾向スコア**（propensity score）で結果を調整して、因果の効果を推定する手法です。はじめに傾向スコアについて解説します。

　本書の2.4節にて調整化公式について解説しました。調整化公式を再掲します。

$$P(Y = y|do(Z = z)) = \sum_x P(Y = y|Z = z, X = x)P(X = x)$$

　この数式を日本語で再度説明すると、変数Zを値zになるように介入したときに変数Yが値yとなる確率は、（変数Zが値zかつ変数Xが値xのもとで、変数Yが値yとなる確率）×（変数Xが値xとなる確率）の変数Xがとりうる値xの全パターンの総和で表される、です。

　この調整化公式の右辺は2つの項、$P(Y = y|Z = z, X = x)$ と $P(X = x)$ のかけ算となっていて、取り扱いにくいという嫌な点があります。シグマ記号$\sum_x$の中でのかけ算で、変数Xがとりうる値xの全パターンを求めるということは、かけ算されるそれぞれの場合の数のペアを考慮する必要があるので、共変量Xの全組み合わせを計算するのは面倒です。

　そこで、これらを1つの項にします。2.3節で解説した「同時確率と条件付き確率の変換」

$$P(X_2, X_1) = P(X_2 = x_2|X_1 = x_1)P(X_1 = x_1)$$

は、式変形すると、

$$P(X_2 = x_2 | X_1 = x_1) = \frac{P(X_2, X_1)}{P(X_1 = x_1)}$$

であり、条件付き確率が同時確率になります。これを利用し、変数 Z の条件付き確率を同時確率に変換すると、

$$P(Y = y \mid Z = z, X = x) = \frac{P(Y = y, Z = z \mid X = x)}{P(Z = z \mid X = x)}$$

です。よって、$P(Y = y | Z = z, X = x)P(X = x)$ は、

$$\frac{P(Y = y, Z = z \mid X = x)P(X = x)}{P(Z = z \mid X = x)}$$

となります。

このときこの式の分子は再度「同時確率と条件付き確率の変換」により、条件付き確率を同時確率として表すと、

$$P(Y = y, Z = z \mid X = x)P(X = x) = P(Y = y, Z = z, X = x)$$

です。よって、$P(Y = y | Z = z, X = x)P(X = x)$ は、

$$\frac{P(Y = y, Z = z, X = x)}{P(Z = z | X = x)}$$

となります。

以上の式変形を用いて、調整化公式を変形すると、

$$P(Y = y | do(Z = z)) = \sum_x \frac{P(Y = y, Z = z, X = x)}{P(Z = z | X = x)} = \sum_x \frac{P(x, y, z)}{P(z | x)}$$

となります。日本語で説明すると、変数 Z を値 z になるよう介入したときに変数 Y が値 y となる確率は、(変数 X が値 x かつ変数 Y が値 y かつ変数 Z が値 z となる確率) ÷ (変数 X が値 x のもとで変数 Z が値 z となる確率) の変数 X がとりうる値 x の全パターンの総和、で表されるとなります。

ここまでの式変形で、変数 X の組み合わせ計算にかけ算がなくなったことが分かります。

上式の分子 $P(x, y, z)$ は、変数 X が値 x かつ変数 Y が値 y かつ変数 Z が値 z となる確率であり、要は、とある $(X = x, Y = y, Z = z)$ のサンプル割合を示します。

そして、分母の $P(z | x)$ は変数 X が値 x のもとで変数 Z が値 z となる確率であり、これを**傾向スコア**（propensity score）と呼びます。変数 X はテレビ CM の例では年齢や性別であったので、傾向スコアとは、とある人の属性情報に応じたテレビ CM を見る確率、すなわち処置を受ける確率を意味します。

傾向スコアの実装

それでは傾向スコアを求める部分を実装します。傾向スコアを求める確率式は変数 Z の値の確率値が求まるモデルであれば何でも良いのですが、基本的にはロジスティック回帰が使用されます。ロジスティック回帰のより詳細な解説については、著者の前著、『AIエンジニアを目指す人のための機械学習入門 実装しながらアルゴリズムの流れを学ぶ』[1] もご覧ください。

元々4.1節でもシグモイド関数を用いて、とある「iさん」がテレビCMを見る確率 Z_{prob}^i を

$$Z_{prob}^i = \text{sigmoid}\left[x_1 + (1 - x_2) \times 10 - 40 + noise^i\right]$$

として作成しました。ここで、シグモイド関数は

$$\text{sigmoid}(x) = \frac{1}{1 + e^{-ax}}$$

であり、4.1節では $a = 0.1$ として計算したデータを作成しました。よって傾向スコアをロジスティック回帰で求めるとは、疑似データを作成したシグモイド関数のモデル係数を求めることになります。式で書くと、

$$\hat{Z}_{prob}^i = \text{sigmoid}\left\{\beta_1 x_1 + \beta_2 x_2 + \alpha\right\}$$

の、係数 β_1, β_2, α をデータから求めることになります。

実装コードは次の通りです。なお、疑似データを作成する部分は4.1節と同じなので割愛します。

```python
# scikit-learnからロジスティック回帰をimport
# https://scikit-learn.org/stable/modules/generated/sklearn.linear_model.
# LogisticRegression.html
from sklearn.linear_model import LogisticRegression

# 説明変数
X = df[["年齢", "性別"]]

# 被説明変数（目的変数）
Z = df["CMを見た"]

# 回帰の実施
reg = LogisticRegression().fit(X, Z)

# 回帰した結果の係数を出力
print("係数beta：", reg.coef_)
print("係数alpha：", reg.intercept_)
```

（出力）

```
係数beta：[[ 0.10562765 -1.38263933]]
係数alpha：[-3.37146523]
```

　　求まった結果は $\beta_1 = 0.1$、$\beta_2 = -1.4$、$\alpha = -3.4$ です。正しい答えである、0.1、−1、−3 にほぼ近い係数が求まっており、傾向スコア $P(z|x)$ をうまくモデル化できました（ここで、各係数にはシグモイド関数の係数 $a = 0.1$ がかけ算される点に注意してください）。

　　続いてそれぞれの人の傾向スコア $\hat{Z}^i_{prob}$ を求めます。

```
Z_pre = reg.predict_proba(X)
print(Z_pre[0:5])  # 5人ほどの結果を見てみる
print("----")
print(Z[0:5])  # 5人ほどの正解
```

（出力）

```
[[0.04002323 0.95997677]
 [0.44525168 0.55474832]
 [0.30065918 0.69934082]
 [0.08101946 0.91898054]
 [0.87013558 0.12986442]]
----
0    1.0
1    0.0
2    1.0
3    1.0
4    0.0
Name: CMを見た , dtype: float64
```

　　この結果を確認すると、傾向スコアの1になる確率が大きいと（出力の2列目の値が大きいと）、実際にテレビCMを見ている傾向にあります。

　　各人の傾向スコアが求まったので、最後にATEを求めます。2.3節より、平均処置効果ATEは

$$ATE = E(Y_1) - E(Y_0) = E(Y_1|do(Z=1)) - E(Y_0|do(Z=0))$$

であり、調整化公式を用いて変形すると、

$$ATE = \sum_x E(Y|Z=1, X=x)P(X=x) - \sum_x E(Y|Z=0, X=x)P(X=x)$$

です。ここに本節で導入した式変形により

$$ATE = \sum_x \frac{P(Y, Z=1, X=x)}{P(Z=1|X=x)} - \sum_x \frac{P(Y, Z=0, X=x)}{P(Z=0|X=x)}$$

となります。ここで、分母にある $P(Z=1|X=x)$ や、$P(Z=0|X=x)$ が傾向スコアです。

そして、Y が今回のように離散値ではなく連続値の場合は、

$$ATE = \frac{1}{N} \sum_i^N \frac{y_i}{P(Z=1|X=x_i)} Z_i - \frac{1}{N} \sum_i^N \frac{y_i}{P(Z=0|X=x_i)} (1-Z_i)$$

となります（こちらの式変形は本書のレベルを超えるので、そのようなものかとご理解下さい。詳細が気になる方は [2] をご覧ください）。

この数式計算を実装すると次の通りです。

```
ATE_i = Y/Z_pre[:, 1]*Z - Y/Z_pre[:, 0]*(1-Z)
ATE = 1/len(Y)*ATE_i.sum()
print("推定したATE", ATE)
```

（出力）

推定したATE 8.847476810855458

元々 4.1 節にて購入量 Y^i は

$$Y^i = -x_1 + 30x_2 + 10Z^i + 80 + noise$$

としており、テレビCMを見ると購入量が10増えるモデルでした。ATEの推定結果も約8.8となっており、テレビCMによる効果（因果の大きさ）がうまく推定されています。

今はデータ数が200個だけなので、もっとデータを増やせば、因果推論の結果は10に近づき、推定精度が向上します。

まとめ

　本節では傾向スコア使用した逆確率重み付け法（IPTWもしくはIPW）を解説、実装しました。調整化公式を変形して傾向スコア（propensity score）を導出し、傾向スコアを求めるロジスティック回帰モデルを構築、そして構築した傾向スコアの回帰モデルを使用してATEを計算し、因果推論を実施しました。

　なお、IPTW法には注意点があります。傾向スコアで割り算をしているので、傾向スコアが0に近いと計算が不安定になります。例えば今回の例ですと仮に年齢が15歳の男性ですと、テレビCMを見る傾向スコアはほぼ0になります。すると、0での割り算になるので計算が不安定になり、推定結果が悪化します。

　次節ではIPTW法と回帰分析の両方を用いて因果効果を推論するDR法について解説、実装を行います。

4-3 Doubly Robust法（DR法）による因果推論の実装

　本節では、4.2節のIPTW法と4.1節の回帰分析を組み合わせたDoubly Robust Estimation（DR法）について解説し、実装します。

本節の実装ファイル：

```
4_3_dr.ipynb
```

IPTW法の欠点とDR法

　4.2節で解説したIPTW法ですが、平均処置効果ATEの計算式は次の通りでした。

$$ATE = \frac{1}{N}\sum_i^N \frac{y_i}{P(Z=1|X=x_i)}Z_i - \frac{1}{N}\sum_i^N \frac{y_i}{P(Z=0|X=x_i)}(1-Z_i)$$

　この式では、とある「iさん」がテレビCMを見ていない場合には$Z_i=0$、そして、$(1-Z_i)=1$です。つまりテレビCMを見ていない人のデータの場合、2項あるうちの後半の項しか使用されていません。2項あるのに、片方の項しか使っていないのはもったいないと思うところです。

　とはいえ、ここでの「iさん」がテレビCMを見た場合のY_1^iの値は反実仮想であり、不明です。そこで、4.1節の回帰分析で回帰モデルを構築し、反実仮想であるY_1^iの推定値$\hat{Y}_1^i$を計算することにします。そして、回帰分析から求めた反実仮想の推定値とIPTW法と組み合わせるため、とある「iさん」の処置効果TEの前半の項を、

$$\frac{y_i}{P(Z=1|X=x_i)}Z_i$$

でなく、

$$\frac{y_i}{P(Z=1|X=x_i)}Z_i + \left(1 - \frac{Z_i}{P(Z=1|X=x_i)}\right)\hat{Y}_1^i$$

として考えることにします。この式では$Z_i=0$の場合、

$$\left(1 - \frac{Z_i}{P(Z=1|X=x_i)}\right)\hat{Y}_1^i = \hat{Y}_1^i$$

となり、反実仮想である $E(Y_1|do(Z=1))$ の値が $\hat{Y}_1^i$ となります。このように表現することで、IPTW法では考慮できていなかった各人の反実仮想を計算に加えることができます。

同様に後半の項

$$\frac{y_i}{P(Z=0|X=x_i)}(1-Z_i)$$

は、

$$\frac{y_i}{P(Z=0|X=x_i)}(1-Z_i) + \left(1 - \frac{(1-Z_i)}{P(Z=0|X=x_i)}\right)\hat{Y}_0^i$$

とします。すると、テレビCMを見た人の場合、$Z_i=1$ より、後半の項は回帰分析で求める反実仮想 $\hat{Y}_0^i$ となります。

このようにIPTW法での推定と回帰分析での推定を組み合わせて因果の効果を推定する方法なので、Doubly Robust Estimation（DR法）と呼びます。

DR法の実装

DR法を実装します。データは4.1、4.2節と同じテレビCMの効果を想定します。データ生成部分の実装コードは4.1節と同様なので紙面への掲載は省略します。回帰分析の回帰モデルの構築、傾向スコアを推定するロジスティック回帰モデルの構築は、それぞれ4.1節と4.2節と同じになります。

実装コードは次の通りです。はじめに線形回帰モデルの構築です。そして、テレビCMを見た場合の購入量 $\hat{Y}_1^i$、見ていない場合の購入量 $\hat{Y}_0^i$ を計算しています。

```python
# scikit-learnから線形回帰をimport
# https://scikit-learn.org/stable/modules/generated/sklearn.linear_model.
# LinearRegression.html
from sklearn.linear_model import LinearRegression

# 説明変数
X = df[["年齢", "性別", "CMを見た"]]

# 被説明変数（目的変数）
y = df["購入量"]

# 回帰の実施
reg2 = LinearRegression().fit(X, y)

# Z=0の場合
X_0 = X.copy()
```

```
X_0["CMを見た"] = 0
Y_0 = reg2.predict(X_0)

# Z=1 の場合
X_1 = X.copy()
X_1["CMを見た"] = 1
Y_1 = reg2.predict(X_1)
```

続いて傾向スコアを求めるロジスティック回帰モデルを構築します。

```
# scikit-learnからロジスティク回帰をimport
# https://scikit-learn.org/stable/modules/generated/sklearn.linear_model.
# LogisticRegression.html
from sklearn.linear_model import LogisticRegression

# 説明変数
X = df[["年齢", "性別"]]

# 被説明変数（目的変数）
Z = df["CMを見た"]

# 回帰の実施
reg = LogisticRegression().fit(X, Z)

# 傾向スコアを求める
Z_pre = reg.predict_proba(X)
print(Z_pre[0:5])   # 5人ほどの結果を見てみる
```

（出力）

```
[[0.04002323 0.95997677]
[0.44525168 0.55474832]
[0.30065918 0.69934082]
[0.08101946 0.91898054]
[0.87013558 0.12986442]]
```

最後にATEの推定を実装します。各人のTE（ITE）はDR法では

$$\frac{y_i}{P\left(Z=1|X=x_i\right)}Z_i + \left(1 - \frac{Z_i}{P\left(Z=1|X=x_i\right)}\right)\hat{Y}_1^i$$

と

$$\frac{y_i}{P\left(Z=0|X=x_i\right)}\left(1-Z_i\right) + \left(1 - \frac{\left(1-Z_i\right)}{P\left(Z=0|X=x_i\right)}\right)\hat{Y}_0^i$$

の差なので、実装は次の通りです。

```
ATE_1_i = Y/Z_pre[:, 1]*Z + (1-Z/Z_pre[:, 1])*Y_1
ATE_0_i = Y/Z_pre[:, 0]*(1-Z) + (1-(1-Z)/Z_pre[:, 0])*Y_0
ATE = 1/len(Y)*(ATE_1_i-ATE_0_i).sum()
print("推定したATE", ATE)
```

（出力）

推定したATE 9.75277505424846

　　よって、推定したATEは約9.8となりました。4.1節から4.3節までの推定結果を振り返ると、4.1節での回帰分析でのテレビCMによる購入量の増加の係数は約10.4、IPTW法での推定結果は約8.8、そしてDR法では約9.8となりました。

　　データを作成した際の答えであるテレビCMの効果は10でした。回帰分析やIPTW法よりもDR法の方がより正確な効果を推論できていることが分かります。DR法は回帰分析とIPTW法の両方を使用しているので、それぞれ単独よりも推定結果が良くなることが想像できますが、実際に推定結果が良くなることが確かめられました。

まとめ

　　本節ではIPTW法と回帰分析を組み合わせたDoubly Robust Estimation（DR法）について解説、実装しました。DR法では反実仮想を回帰分析から計算してIPTW法に導入した点がポイントです。

　　本節で『第4章 因果推論を実装しよう』は終了となります。本節で紹介した3つの手法は、因果推論の基本となる手法です。ぜひその内容、アルゴリズムを理解してください。

　　重要な点として、傾向スコアを用いたIPTW法が、第2章の調整化公式を変形して導出される点を理解いただければと思います。

　　また、本章では年齢、性別を考慮し、テレビCMという処置を実施した場合の製品購入量に対する因果を推定しました。今回は疑似データを作成しましたが、現実のケースでは多くのデータ（変数）を計測・取得している可能性が高いです。ですが第3章で解説したように、処置と効果が表れる変数に着目してd分離を実施し、因果ダイアグラムを変形して、残った変数のみを因果推論に使用します。因果推論する前にはd分離による変数整理を実施する点に注意してください。

　本章でようやく因果推論の具体的な手法を解説、実装することができました。本章の因果推論手法の土台には、第1章から第3章で解説した内容、とくに第2章の調整化公式および第3章のd分離があることを理解いただければと思います。

　ここで1点、重要な注意点を紹介します。処置を受ける確率（本章ではテレビCMを見る確率）が各変数の線形和を用いるロジスティック回帰で表せない場合、すなわち傾向スコアの推定がロジスティック回帰では不適格である場合や、購入量Yが各変数の影響の線形和では表せない非線形な関係であった場合には、本章の手法は性能が悪化します。本章で紹介した手法は、傾向スコアも購入量も、年齢や性別、CM効果といった各変数が線形に影響しているという前提があります。

　その他に、そもそもテレビCMによる効果が複雑なケース、例えば年齢によって効果が変化する、性別によって効果が異なるなどの場合も本章の手法は推定性能が悪化します。

　このような非線形かつ相互作用があるケースでは、近年機械学習を用いた因果推論手法が提案されており、それらの手法を第5章では解説、実装します。

引用

[1] AIエンジニアを目指す人のための機械学習入門　実装しながらアルゴリズムの流れを学ぶ, 電通国際情報サービス 清水琢也、小川雄太郎, 技術評論社, 2020.
[2] 岩波データサイエンス Vol.3, 岩波データサイエンス刊行委員会, 岩波書店, 2016.

第 5 章

機械学習を用いた
因果推論

5-1 ランダムフォレストによる分類と回帰のしくみ

　第4章では因果推論の基本的手法である、回帰分析、IPTW法、DR法について解説、実装を行いました。第4章の内容は、変数が他の変数に線形に影響を与える状況では妥当ですが、非線形であったり変数間に相互作用が発生したりしている因果関係においては正確に推定ができません。

　本章では、非線形で変数間に相互作用のある因果関係において処置の効果を推定する手法を解説します。具体的には、機械学習を用いた因果推論について取り扱います。

　機械学習の手法として、本書では**ランダムフォレスト**を使用します。本章で紹介する因果推論の機械学習部分は、ランダムフォレスト以外の回帰手法、例えば、勾配ブースティング回帰木（Gradient Boosting Tree Regressor）のような、異なる機械学習モデルでも代替可能です。本書では基本として押さえておきたいランダムフォレストを用いた因果推論を解説します。

　機械学習を用いた因果推論の解説に入る前に、本節ではランダムフォレストによるクラス分類（データのクラスラベルを求める）、および回帰（データの数値を求める）のしくみを解説します。

　本節では最初にランダムフォレストのベースとなる決定木による分類と回帰について解説します。その後、ランダムフォレストでの分類と回帰を解説します。

本節の実装ファイル：

`5_1_randomforest.ipynb`

決定木による分類

　決定木と呼ばれる機械学習手法による分類（とある入力データのクラスラベルを推定するアルゴリズム）のしくみを解説します。

　ここまで取り上げてきたテレビCM効果の例で説明します。今回構築したいモデルは、とある「iさん」が［テレビCMを見た］かどうか、すなわち処置を受けたかどうかを示す値Z^iが0なのか1なのかを分類予測する機械学習モデルです。これは第4章で解説した傾向スコアを求めるロジスティック回帰の代替となります。

　予測したい変数Zを目的変数、もしくは被説明変数と呼びます。第4章と同じく、予測に使用するのは年齢変数x_1と性別変数x_2とします。この予測に使用する変数を特徴量、もしく

は説明変数と呼びます。

決定木では図5.1.1のような「**説明変数の値に対する条件式**」を構築し、各データがその条件式に対して、YesなのかNoなのかに応じて分岐させます。分岐させた先ではまた異なる条件式を構築し、データが条件式に対してYesかNoなのかで分岐させます。この条件式での判定、分岐を繰り返し、最後に変数Zが1なのか0なのかを決定します。なお分岐させた先をノードと呼びます。

図5.1.1のように、決定木はif文の連続で記載されるルールベースの手法となります。ただし、この条件式のルールを作成する際に工夫が行われます。

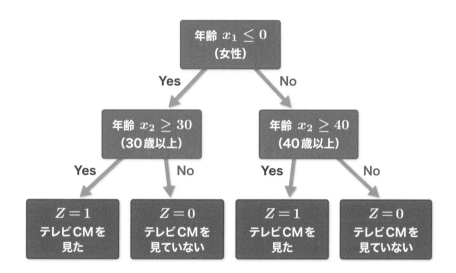

図5.1.1 決定木による分類の例

分類の決定木において条件式を作成するにあたり、**ジニ不純度**と呼ばれる指標を使用します。ジニ不純度$I(t)$を式で表すと、

$$I(t) = 1 - \sum_{l=1}^{C} P(l|t)^2$$

です。ここで、lはとあるラベルを示します。ここでは$Z=0$か$Z=1$のどちらかです。Cはラベルlの総種類数（すなわちクラス数）を示します。テレビCMの視聴のケースではクラス数は2となります。$P(l|t)$はノードtにあるデータがラベルlである確率、すなわちデータの割合を示します。

仮に1つの条件式で$Z=0$と$Z=1$が完全に分離できていると、ノードt（条件式でYesのノードとNoのノードの2つ）のジニ不純度はともに0になります。

ジニ不純度の導入は、できるだけ訓練データが変数Zで分離できている状態（すなわち純度が高い状態）を目指すためです。一番純度が高くなる条件式とは、その条件式1つで訓練

95

データのすべてが $Z=0$ と $Z=1$ に分離できる条件式です。ですがそのような条件式は実際には構築できないので、1 つの条件式で分離した際に、Yes のノードに分岐されたデータたちと、No のノードに分岐されたデータたちには、$Z^i=0$ と $Z^i=1$ が混ざり合っています。

　混ざり合っては良いのですが、できるだけその混ざり方が少ないほうが嬉しいです。その混ざり具合を数値化したものがジニ不純度です。

　とある条件式で得られる、条件式 Yes のノードと No のノードのジニ不純度具合を足したものを、その条件式での**情報利得**（IG：Information Gain）と呼びます。情報利得は、

$$IG(D) = I(D) - \frac{N_{yes}}{N_d} I(D_{yes}) - \frac{N_{no}}{N_d} I(D_{no})$$

と記載されます。ここで、D はその条件式で分岐させたいデータすべてを示します。N_d はその総数です。N_{yes} は条件式で Yes と分岐されたデータ数、N_{no} は No と分岐されたデータ数です。$I(D_{yes})$ は Yest と分岐されたデータ D_{yes} のジニ不純度です。$I(D_{no})$ は No と分岐されたデータ D_{no} のジニ不純度です。

　この情報利得 IG が最大となる、すなわち「条件分岐前の不純度」と、「条件分岐後の 2 つのノードの不純度の合計」の差が、最大となる条件式を求めます。

　条件式を構築する際には使用する特徴量を決定し、条件式に使用する基準値は特徴量がカテゴリカル変数であれば、各カテゴリー値（例：性別だと女性 0、男性 1）を使用します。

　特徴量が連続値の場合、分岐条件の基準値は無限に存在するので、分岐させたい対象のデータの値を使用します。例えば年齢変数 x_1 において、データが 5 人分存在し、$(x_1^0, x_1^1, x_1^2, x_1^3, x_1^4) = (20, 30, 40, 25, 54)$ であった場合には、20、30、40、25、54 を基準にそれぞれ条件式を組み立てて、情報利得の大きさを確かめ、最適な基準値を決めます。

　決定木による分類では、分類の条件式をどれだけ繰り返すように組み立てるかを、ハイパーパラメータとして事前に決めておきます。今回使用する scikit-learn の場合は max_depth というハイパーパラメータで設定されます。デフォルトでは max_depth は None に設定されています。そのためデフォルトの決定木はどんどん深くなっていきます。止まるのは各ノードにおいて条件式でデータを分岐させた際に $Z=0$ と $Z=1$ にデータが完全に分離された場合のみです。

　ハイパーパラメータの max_depth が None の場合どんどん条件式のノードが増え、木が深くなり学習に使用した訓練データに強く依存したモデルになりやすいです。すると、新たに予測したいデータに対しては良い性能がでない**過学習したモデル**になってしまいます。

　その対策として機械学習ではデータを訓練データと検証データに分離し、max_depth などのハイパーパラメータを数種類設定した決定木を訓練データで構築し、検証データで各ハイパーパラメータの結果を比較し、最も良いハイパーパラメータのモデルを採用します。実際の機械学習の運用ではさらにテストデータも用意し、報告用に使用します。このあたりの機械学習の作法の詳細は著者の前著 [1] をご覧ください。

　基本的にランダムフォレスト、そして決定木では`max_depth`を変えて良いモデルを構築するケースが多いです。

　それでは決定木による分類を実装してみます。データには第4章と同じくテレビCM効果の疑似データを作成して使用します。特徴量（説明変数）は年齢変数x_1と性別変数x_2とします。目的変数はテレビCMを見たかどうかを示すZです。疑似データの生成部分の実装は4.1節と同じなので、紙面への掲載は省略します。

```python
# scikit-learnから決定木の分類をimport
# https://scikit-learn.org/stable/modules/generated/sklearn.tree.
# DecisionTreeClassifier.html
from sklearn.tree import DecisionTreeClassifier

# データを訓練と検証に分割する
# https://scikit-learn.org/stable/modules/generated/sklearn.model_selection.train_
#   test_split.html
from sklearn.model_selection import train_test_split

# 説明変数
X = df[["年齢", "性別"]]

# 被説明変数（目的変数）
Z = df["CMを見た"]

# データを訓練と検証に分割
X_train, X_val, Z_train, Z_val = train_test_split(
    X, Z, train_size=0.6, random_state=0)

# 学習と性能確認
clf = DecisionTreeClassifier(max_depth=1, random_state=0)
clf.fit(X_train, Z_train)
print("深さ1の性能：", clf.score(X_val, Z_val))  # 正解率を表示

# 学習と性能確認
clf = DecisionTreeClassifier(max_depth=2, random_state=0)
clf.fit(X_train, Z_train)
print("深さ2の性能：", clf.score(X_val, Z_val))  # 正解率を表示

# 学習と性能確認
clf = DecisionTreeClassifier(max_depth=3, random_state=0)
clf.fit(X_train, Z_train)
print("深さ3の性能：", clf.score(X_val, Z_val))  # 正解率を表示
```

（出力）

```
深さ1の性能：0.85
深さ2の性能：0.85
深さ3の性能：0.825
```

　ハイパーパラメータとして深さを変化させています。今回は深さ3にすると、検証データに対する正解率が低下しています。そのため、深さは2が良いでしょう。

　以上が決定木を用いた分類の機械学習モデルの構築方法となります。

決定木による回帰

　続いて決定木による回帰（とある入力データに対する出力に数値を推定するアルゴリズム）のしくみを解説します。これは第4章のテレビCM効果の疑似ケースでは、線形回帰で商品の購買量を推定する部分に対応します。

　回帰の決定木も基本的なしくみは分類のときと同じです。しかし条件式を作る際の情報利得IGにジニ不純度ではなく、**二乗誤差**を利用します。

　二乗誤差の計算に利用する推定値には条件式で分類されたデータの平均値を利用します。すなわち、各ノードにおいてまず条件式を作り、Yes、Noの2つのグループに分けます。ここで変数 N_{yes} は条件式でYesと分岐されたデータ数、N_{no} はNoと分岐されたデータ数とします。回帰して求めたい変数を Y とします。すると、Yes側の推定値 $\hat{Y}_{yes}$ は、

$$\hat{Y}_{yes} = E\left[Y_{yes}\right] = \frac{1}{N_{yes}} \sum_i^{N_{yes}} Y_{yes}^i$$

です。同様にして、$\hat{Y}_{no}$ は

$$\hat{Y}_{no} = E\left[Y_{no}\right] = \frac{1}{N_{no}} \sum_i^{N_{no}} Y_{no}^i$$

となります。

　そして、これらの推定値に対する二乗誤差の合計は

$$\frac{1}{N_{yes}} \sum_i^{N_{yes}} \left(Y_{yes}^i - \hat{Y}_{yes}\right)^2 + \frac{1}{N_{no}} \sum_i^{N_{no}} \left(Y_{no}^i - \hat{Y}_{no}\right)^2$$

となります。

　この2乗誤差の合計が最小となるように、条件式に使用する特徴量を選択し、条件の基準値を決定します。

　回帰の決定木もハイパーパラメータmax_depthを指定しない場合、条件式で分割した際に分岐した先のノードのデータ数が1つになるまで条件式を作るため、深い木が作成されます。そのため、分類のときと同様に、訓練データと検証データから過学習にならないようにハイパーパラメータmax_depthを比較し、最適な深さを決定して使用します。

　実装は次の通りです。商品の購入量を予測するモデルを決定木による回帰で構築します。

```python
# scikit-learnから決定木の回帰をimport
# https://scikit-learn.org/stable/modules/generated/sklearn.tree.
  DecisionTreeRegressor.html#sklearn.tree.DecisionTreeRegressor
from sklearn.tree import DecisionTreeRegressor

# データを訓練と検証に分割する
# https://scikit-learn.org/stable/modules/generated/sklearn.model_selection.train_
  test_split.html
from sklearn.model_selection import train_test_split

# 説明変数
X = df[["年齢", "性別"]]

# 被説明変数（目的変数）
Y = df["購入量"]

# データを訓練と検証に分割
X_train, X_val, Y_train, Y_val = train_test_split(
    X, Y, train_size=0.6, random_state=0)

# 学習と性能確認
reg = DecisionTreeRegressor(max_depth=2, random_state=0)
reg = reg.fit(X_train, Y_train)
print("深さ2の性能：", reg.score(X_val, Y_val))  # 決定係数R2を表示

# 学習と性能確認
reg = DecisionTreeRegressor(max_depth=3, random_state=0)
reg = reg.fit(X_train, Y_train)
print("深さ3の性能：", reg.score(X_val, Y_val))  # 決定係数R2を表示

# 学習と性能確認
reg = DecisionTreeRegressor(max_depth=4, random_state=0)
reg = reg.fit(X_train, Y_train)
print("深さ4の性能：", reg.score(X_val, Y_val))  # 決定係数R2を表示
```

第1部
1
2
3
4
5章
6
7
8

（出力）

```
深さ2の性能： 0.7257496664596153
深さ3の性能： 0.7399348963931736
深さ4の性能： 0.7165539691159019
```

　深さ3でもっとも大きな値となっています。実装コードにおいて、reg.scoreで求めた値は決定係数と呼ばれ、値が大きいほど良いモデルである指標です。0から1の値をとり、完璧に回帰モデルで推定できていれば1になります。そのため深さ2、3、4では3が一番1に近いので、深さ3の決定木を使用します。

　以上が決定木における回帰のしくみと実装になります。

ランダムフォレストで分類

　続いて決定木を複数利用する**ランダムフォレスト**について解説します。はじめにランダムフォレストによる分類について解説します。

　ランダムフォレストを理解するにはその名前にある"ランダム"の意味するところを理解するのがポイントです。

　ランダムフォレストとは**2種類のランダム性を持たせた決定木**を複数作成し、それらの総合的な結果から分類や回帰を実施する機械学習モデルです。

　2種類のランダム性とは、**訓練データのランダム性**と、**分岐条件に使用する特徴量のランダム性**です。

　訓練データのランダム性では、訓練データをそのまま使用するのではなく、訓練データと同じ数だけデータをランダムに抽出したものを訓練データとします。そのため、ランダム抽出して作成した訓練データには重複したデータが存在します。その代わりに元の1つの訓練データセットから少し異なる訓練データのセットを複数用意することができます。

　分岐条件に使用する特徴量のランダム性とは、分岐条件を作成する際に使用できる特徴量をランダムに複数個選択します。その結果、分岐条件の作成で使える特徴量が減ります。この限られた特徴量を使用して一番良い分岐条件を作成します。本書で使用しているscikit-learnの場合、特徴量の総数のルート（$\sqrt{}$）の数だけ特徴量を選択して、その中での最も良い分岐条件を作成します。例えば、特徴量の総数が4であれば、ランダムに選ばれた2つの特徴量で分岐条件を作成します。ただし、この2つの特徴量は重複しないように選びます。

　分岐条件で使用できる特徴量を減らすので、モデルの性能が悪化しそうです。その通りであり、決定木のときよりも性能は悪化します。確かにランダムフォレストの1つの決定木の性能は悪化しているのですが、複数の決定木を総合的に考えた際には、ランダム性のない決定木よりも良い性能になるのがランダムフォレストの特徴です。このような複数のモデルを

総合的に考える機械学習手法は**アンサンブル手法**と呼ばれます。

　ランダムフォレストの実装は次の通りです。なおscikit-learnのランダムフォレストはデフォルトでは100個の決定木を作成します。そして、とある入力データを推論する際には100個の決定木の結果を多数決して、分類ラベルを決めます。

　多数決をする際にはその決定木の最終ノードのラベルの割合を考慮します。すなわち、とあるデータを推論する際に決定木をたどって行って最後にたどり着いたノードにデータが10個含まれているとします。その訓練データは$Z=0$が8個、$Z=1$が2個だった場合、その決定木での推論結果は$Z=0$、そして$Z=0$の確率は80%とします。そして全体投票の際には0.8票が$Z=0$に投票されます。この投票をすべての決定木で実施し、投票の合計から分類結果のラベル、そして分類の確率を求めます。

```python
# scikit-learnからランダムフォレストの分類をimport
# https://scikit-learn.org/stable/modules/generated/sklearn.ensemble.
# RandomForestClassifier.html?highlight=randomforest
from sklearn.ensemble import RandomForestClassifier
from sklearn.model_selection import train_test_split

# 説明変数
X = df[["年齢", "性別"]]

# 被説明変数（目的変数）
Z = df["CMを見た"]

# データを訓練と検証に分割
X_train, X_val, Z_train, Z_val = train_test_split(
    X, Z, train_size=0.6, random_state=0)

# 学習と性能確認
clf = RandomForestClassifier(max_depth=1, random_state=0)
clf.fit(X_train, Z_train)
print("深さ1の性能：", clf.score(X_val, Z_val))   # 正解率を表示

# 学習と性能確認
clf = RandomForestClassifier(max_depth=2, random_state=0)
clf.fit(X_train, Z_train)
print("深さ2の性能：", clf.score(X_val, Z_val))   # 正解率を表示

# 学習と性能確認
clf = RandomForestClassifier(max_depth=3, random_state=0)
clf.fit(X_train, Z_train)
print("深さ3の性能：", clf.score(X_val, Z_val))   # 正解率を表示
```

（出力）

```
深さ1の性能： 0.775
深さ2の性能： 0.85
深さ3の性能： 0.825
```

　　深さ2のランダムフォレスト分類の検証データでの正解率は85%となりました。なお、今回はたまたま決定木の場合と同じ性能になりました。

ランダムフォレストによる回帰

　　本節の最後にランダムフォレストによる回帰を解説します。ランダムフォレストによる分類では2種類のランダム性を持っていました。本書で使用しているscikit-learnのランダムフォレスト回帰の場合には、**分岐条件に使用する特徴量のランダム性**は使用せず、すべての特徴量を考慮して分岐条件を決めます。**訓練データのランダム性**を用いる点は分類と同じです。

　　ランダムフォレストによる回帰の実装は次の通りです。回帰の場合もデフォルトでは100本の決定木を用意します。回帰の推論結果にはこの100本の決定木の回帰推定の結果の平均値を使用します。

　　商品の購入量をランダムフォレスト回帰で推定するモデルを実装します。実装は次の通りです。

```
# scikit-learnから決定木の回帰をimport
# https://scikit-learn.org/stable/modules/generated/sklearn.ensemble.
# RandomForestRegressor.html?highlight=randomforest
from sklearn.ensemble import RandomForestRegressor
from sklearn.model_selection import train_test_split

# 説明変数
X = df[["年齢", "性別"]]

# 被説明変数（目的変数）
Y = df["購入量"]

# データを訓練と検証に分割
X_train, X_val, Y_train, Y_val = train_test_split(
    X, Y, train_size=0.6, random_state=0)

# 学習と性能確認
reg = RandomForestRegressor(max_depth=2, random_state=0)
```

```
reg = reg.fit(X_train, Y_train)
print("深さ2の性能：", reg.score(X_val, Y_val))    # 決定係数R2を表示

# 学習と性能確認
reg = RandomForestRegressor(max_depth=3, random_state=0)
reg = reg.fit(X_train, Y_train)
print("深さ3の性能：", reg.score(X_val, Y_val))    # 決定係数R2を表示

# 学習と性能確認
reg = RandomForestRegressor(max_depth=4, random_state=0)
reg = reg.fit(X_train, Y_train)
print("深さ4の性能：", reg.score(X_val, Y_val))    # 決定係数R2を表示
```

（出力）

```
深さ2の性能： 0.7618786062003249
深さ3の性能： 0.7810610687821996
深さ4の性能： 0.7655149049335735
```

　深さ3のランダムフォレスト回帰の検証データでの決定係数は約0.78となりました。決定木の決定係数が約0.74だったので、ランダムフォレストの方がより良い回帰モデルが構築できました。

まとめ

　本節では決定木による分類と回帰のしくみを解説、実装し、その後ランダムフォレストによる分類と回帰を解説、実装しました。

　ランダムフォレストのポイントである2種類のランダム性と、各決定木の推論結果を総合的に考えるという特徴を押さえてください。

　決定木は本節で紹介したランダムフォレストだけでなく、より性能の高い機械学習モデルを構築しやすいGradient Boosting Tree（勾配ブースティング）にも使用されます。本書では勾配ブースティングは扱いませんが、詳細が気になる方は[1]をご覧ください。

　次節では、機械学習を活用した因果推論手法であるMeta-Learnersを解説、実装します。ベースとなる機械学習モデルには、本節で解説したランダムフォレストを使用します。

5-2 Meta-Learners（T-Learner、S-Learner、X-Learner）の実装

　本節では、処置の効果が複雑なケース、例えばテレビCMの視聴による購買促進効果が年齢によって変化する、性別によって異なる、などのケースを取り扱います。

　第4章の回帰分析、IPTW法、DR法は線形な関係のみを想定していたのですが、本節からは非線形な因果関係および処置効果を扱える因果推論手法を解説、実装します。

　本節では、T-Leaner、S-Learner、X-Learnerについて解説・実装します。これらの手法はまとめて **Meta-Learners** [2] と呼ばれます。

本節の実装ファイル：

5_2_meta_learners_issue18_issue36.ipynb

データ準備

　本節ではMeta-learnersを取り扱うにあたり、第1章から紹介している、「上司向け：部下とのキャリア面談のポイント研修」を疑似ケースに使用します。ただし本章からはデータの生成方法が異なります。

　まずは疑似データを作成します。はじめに乱数のシードを設定し、必要なパッケージをimportします。

```
# 乱数のシードを設定
import random
import numpy as np

np.random.seed(1234)
random.seed(1234)


# 使用するパッケージ（ライブラリと関数）を定義
# 標準正規分布の生成用
from numpy.random import *

# グラフの描画用
```

```
import matplotlib.pyplot as plt

# SciPy 平均0、分散1に正規化（標準化）関数
import scipy.stats

# シグモイド関数をimport
from scipy.special import expit

# その他
import pandas as pd
```

　それではデータを作成します。因果ダイアグラム（DAG）は、図5.2.1（図1.1.1再掲）となります。

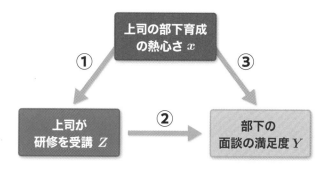

図5.2.1　「上司向け：部下とのキャリア面談のポイント研修」の因果ダイアグラム（図1.1.1再掲）

　現実世界において、変数xである［上司の部下育成の熱心さ］をどう測定するのかは難しい問題です。この点については本節の最後に述べます。ひとまず実装においては、変数xは-1から1の一様分布に従うとします。

　上司が［「上司向け：部下とのキャリア面談のポイント研修」を受講］を示す変数Zは、変数xに従うロジスティック関数で決まるとし、変数$Z=1$となる確率Z_{prob}を、

$$Z_{prob} = \text{sigmoid}(5.0x + 5.0 * \text{noise})$$

とします。このZ_{prob}の確率に従い、Zが1か0になります。

　最後に、上司が研修を受けた際に、［部下の面談の満足度］変数Yは、［上司の部下育成の熱心さ］変数xが0より小さいと効果が低く、満足度Yは0.5だけ上昇する。［上司の部下育成の熱心さ］変数xが0以上で0.5より小さいと、満足度Yは0.7上昇する。［上司の部下育成の熱心さ］変数xが0.5以上だと満足度Yは1.0上昇するとします。すなわち**処置効果が変数xによって非線形に変化する状況**とします。部下育成に熱心な上司ほど、同じ研修でもその

効果が大きいというのはまずまず妥当な状況かと思います。

　つまり、［上司の部下育成の熱心さ］変数 x は研修を受講するか否かにも影響しますし、処置の効果（すなわち研修効果）にも影響します。ここで処置の効果の大きさを $t(x)$ と表します。

　これらの内容を踏まえ、［部下の面談の満足度］変数 Y は、

$$Y = Z \times t(x) + 0.3 \times x + 2.0 + 0.1 \times \text{noize}$$

で決まるとします。

　以上の内容を実装し、出力した結果が図5.2.2となります。

```python
# データ数
num_data = 500

# 部下育成への熱心さ
x = np.random.uniform(low=-1, high=1, size=num_data)  # -1から1の一様乱数

# 上司が「上司向け：部下とのキャリア面談のポイント研修」に参加したかどうか
e_z = randn(num_data)  # ノイズの生成
z_prob = expit(-5.0*x+5*e_z)
Z = np.array([])

# 上司が「上司向け：部下とのキャリア面談のポイント研修」に参加したかどうか
for i in range(num_data):
    Z_i = np.random.choice(2, size=1, p=[1-z_prob[i], z_prob[i]])[0]
    Z = np.append(Z, Z_i)

# 介入効果の非線形性：部下育成の熱心さxの値に応じて段階的に変化
t = np.zeros(num_data)
for i in range(num_data):
    if x[i] < 0:
        t[i] = 0.5
    elif x[i] >= 0 and x[i] < 0.5:
        t[i] = 0.7
    elif x[i] >= 0.5:
        t[i] = 1.0

e_y = randn(num_data)
Y = 2.0 + t*Z + 0.3*x + 0.1*e_y

# 介入効果を図で確認
plt.scatter(x, t, label="treatment-effect")
```

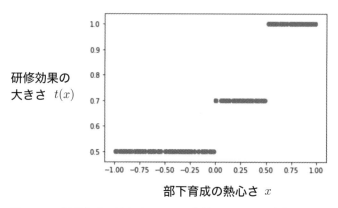

図5.2.2 部下育成の熱心さ x と、研修効果の大きさ $t(x)$ の関係

作成した疑似データをまとめた表を作成し、部下の満足度を可視化します。

```python
df = pd.DataFrame({'x': x,
                   'Z': Z,
                   't': t,
                   'Y': Y,
                   })

df.head()  # 先頭を表示


plt.scatter(x, Y)
```

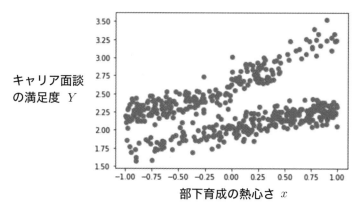

図5.2.3 部下育成の熱心さと、部下のキャリア面談の満足度の関係

107

T-Learner

それでははじめに Meta-learners の1つ **T-Learner** による因果推定を実装します。T は Two の略称です。その名の通り2つの機械学習モデルを作成します。

2つの機械学習モデルとは、介入を受けていない集団（$Z^i = 0$）と介入を受けた集団（$Z^i = 1$）のそれぞれについて、満足度 Y^i を推定するモデルを作る、ということを意味します。1つ目のモデルを M_0、2つ目のモデルを M_1 とそれぞれ記載することにします。

機械学習モデルの構築にはどのような機械学習手法を用いても良いのですが、本書では5.1節で解説したランダムフォレストを使用します。

それでは2つのモデルを実装します。はじめにデータを2つに分離します。

```
# 集団を2つに分ける
df_0 = df[df.Z == 0.0]  # 介入を受けていない集団
df_1 = df[df.Z == 1.0]  # 介入を受けた集団
```

続いて、それぞれについて、満足度 Y^i を回帰するモデルを学習させ、構築します。

```
# ランダムフォレストモデルを作成
from sklearn.ensemble import RandomForestRegressor

# 介入を受けていないモデル
reg_0 = RandomForestRegressor(max_depth=3)
reg_0.fit(df_0[["x"]], df_0[["Y"]])

# 介入を受けたモデル
reg_1 = RandomForestRegressor(max_depth=3)
reg_1.fit(df_1[["x"]], df_1[["Y"]])
```

これで2つのモデルが構築できました。なお本節の実装では説明を簡素化するために、検証用データを作成せずに、適当に木の深さを3に設定しています。本来は木の深さが最適な値となるように、検証用データと訓練データに分割して比較し決定します。

次に2つのモデルで各人の処置効果（ITE）を計算し、全員分を平均することで、ATE を求めます。

```
# ATEを求める
mu_0 = reg_0.predict(df[["x"]])
mu_1 = reg_1.predict(df[["x"]])

ATE = (mu_1-mu_0).mean()
print("ATE：", ATE)
```

（出力）

```
ATE： 0.6678485877933638
```

　続いて処置群における平均処置効果ATTと、対照群における平均処置効果ATUを求めます。それぞれの処置効果を求めるのに必要な反実仮想の結果を、構築した回帰モデルから計算します。

　実装は次の通りです。

```
# 処置群における平均処置効果ATTと、対照群における平均処置効果ATU
ATT = df_1["Y"] - reg_0.predict(df_1[["x"]])
ATU = reg_1.predict(df_0[["x"]]) - df_0["Y"]

print("ATT： ", ATT.mean())
print("ATU： ", ATU.mean())
```

（出力）

```
ATT： 0.7338369884256872
ATU： 0.6090862934128775
```

　最後に、推定された介入効果（※仮に介入を受けた場合の効果）を各人ごとに求めます（図5.2.4）。

```
# 推定された処置効果を各人ごとに求めます
t_estimated = reg_1.predict(
    df[["x"]]) - reg_0.predict(df[["x"]])
plt.scatter(df[["x"]], t_estimated,
            label="estimated_treatment-effect")

# 正解のグラフを作成
x_index = np.arange(-1, 1, 0.01)
t_ans = np.zeros(len(x_index))
for i in range(len(x_index)):
    if x_index[i] < 0:
        t_ans[i] = 0.5
    elif x_index[i] >= 0 and x_index[i] < 0.5:
        t_ans[i] = 0.7
    elif x_index[i] >= 0.5:
        t_ans[i] = 1.0

# 正解を描画
plt.plot(x_index, t_ans, color='black', ls='--', label='Baseline')
```

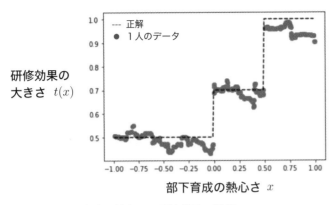

研修効果の
大きさ　$t(x)$

部下育成の熱心さ　x

図5.2.4　部下育成の熱心さと研修効果の関係

　図5.2.4を確認すると、［上司の部下育成の熱心さ］変数xに応じて、処置の効果（すなわち研修効果）が変化するという研修効果をきちんと推定できていることが分かります。図5.2.4の点線が正解の研修効果で、丸点が各人に対する研修の効果（処置効果）の推定結果です。

　以上がT-Learnerのしくみおよび実装となります。

S-Learner

　続いて**S-Learner**について解説、実装します。SはSingleの先頭文字を示します。T-Learnerとは異なり、1つのモデルのみを使用するのでS-Learnerと呼ばれます。そのため、処置を示す変数Zもモデルの中に説明変数として使用します。

　今回はランダムフォレストを使用して、S-Learnerを実現します。T-Learnerと同様に機械学習モデルはランダムフォレスト以外でも問題ありません。

　S-Learnerの実装もT-Learnerのとき同様に、説明の簡易化のためデータは検証データに分けず、木の深さを適当に4に設定しています。

　S-Learnerの実装は次の通りです。

```python
# ランダムフォレストモデルを作成
from sklearn.ensemble import RandomForestRegressor

# モデルを学習
reg = RandomForestRegressor(max_depth=4)
X = df.loc[:, ["x", "Z"]]
reg.fit(X, df[["Y"]])
```

続いて、ATEを計算します。今回はモデルが1つなので、処置$Z=0$と1の場合を1つのモデルから計算して求めます。

```python
# 処置が0と1の状態を作成する
X_0 = X.copy()
X_0["Z"] = 0.0

X_1 = X.copy()
X_1["Z"] = 1.0

# ATEの計算
ATE = (reg.predict(X_1)-reg.predict(X_0)).mean()
print("ATE：", ATE)
```

（出力）

```
ATE： 0.667734812161322
```

最後に推定された処置効果を各人ごとに求めます（図5.2.5）。

```python
# 推定された処置効果を各人ごとに求めます
t_estimated = reg.predict(X_1)-reg.predict(X_0)
plt.scatter(df[["x"]], t_estimated,
            label="estimated_treatment-effect")

# 正解を描画
plt.plot(x_index, t_ans, color='black', ls='--', label='Baseline')
```

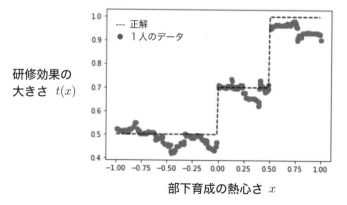

図5.2.5　部下育成の熱心さと研修効果の関係（S-Learner）

　図 5.2.5 の結果は T-Learner とほぼ同じになっています。[上司の部下育成の熱心さ] 変数 x に応じて、処置の効果（すなわち研修効果）が変化するという研修効果をきちんと推定できていることが分かります。

　以上が S-Learner のしくみ、実装となります。

X-Learner

　本節の最後に **X-Leaner** について解説、実装します。

　X-Leaner は傾向スコアを用いて、T-Learner の結果をさらに補正する手法です。

　はじめに T-Learner で介入を受けていない集団（$Z^i = 0$）と介入を受けた集団（$Z^i = 1$）のそれぞれについて、満足度 Y^i を推定するモデルを作ります。1 つ目のモデルを M_0、2 つ目のモデルを M_1 と記載することにします。

　続いて、処置群における平均処置効果 ATT と、対照群における平均処置効果 ATU を求めます。ここで ATT を $\widehat{D}_1$、ATU を $\widehat{D}_0$ とすると、

$$\widehat{D}_0 = M_1(x_0) - Y_0$$
$$\widehat{D}_1 = Y_1 - M_0(x_1)$$

となります。ここで、x_0 と x_1 は処置 $Z = 0$ と $Z = 1$ のそれぞれの集団を示します。

　X-Learner ではここでさらに、$\widehat{D}_0$ を x_0 から求めるモデル M_2 と、$\widehat{D}_1$ を x_1 から求めるモデル M_3 を作成します。

$$\hat{\tau}_0 = \widehat{D}_0 = M_2(x_0)$$
$$\hat{\tau}_1 = \widehat{D}_1 = M_3(x_1)$$

　元の M_0、M_1 を使用した ATT と ATU の推定式は、処置 $Z = 0$ と $Z = 1$ のそれぞれの集団 x_0 と x_1 に対してそれぞれ ATU と ATT の片方しか求まりません。そのため全集団 x に対しても ATU を推定できるモデル M_2 と ATT を推定するモデル M_3 をわざわざ構築しています。

　そしてさらに、傾向スコア $P(Z = z | X = x)$ を推定するモデルを構築します。このモデルを $g(x)$ と表します。この傾向スコアの値で重み付けて、各人の処置の効果（因果の大きさ）の推定値 $\hat{\tau}$ を、

$$\hat{\tau} = g(x)\hat{\tau}_0(x) + (1 - g(x))\hat{\tau}_1(x)$$

とします。

処置$Z=0$になりやすい属性の人（$g(x)$が0に近い人）については、$\hat{\tau}_1$の比重を大きくして因果効果を求める、逆に処置$Z=1$になりやすい属性の人（$g(x)$が1に近い人）については、$\hat{\tau}_0$の比重を大きくして因果効果を求めます。

要は、**自分のデータを使わずに構築されたモデルでの推定結果に重きを置くことで、トータルとしての推定精度を上げたい**という気持ちです。

実装は次の通りです。まず、T-LearnerでM_0とM_1を作成します。

```python
# T-Learnerで M0 と M1 を求める
from sklearn.ensemble import RandomForestRegressor

# 集団を2つに分ける
df_0 = df[df.Z == 0.0]  # 介入を受けていない集団
df_1 = df[df.Z == 1.0]  # 介入を受けた集団

# 介入を受けていないモデル
M0 = RandomForestRegressor(max_depth=3)
M0.fit(df_0[["x"]], df_0[["Y"]])

# 介入を受けたモデル
M1 = RandomForestRegressor(max_depth=3)
M1.fit(df_1[["x"]], df_1[["Y"]])
```

続いてM_2とM_3を作成します。

```python
# 推定された処置効果を各人ごとに求めます
tau_0 = M1.predict(df_0[["x"]]) - df_0["Y"]
tau_1 = df_1["Y"] - M0.predict(df_1[["x"]])

# ATTとATUを求めるモデルを作成します
M2 = RandomForestRegressor(max_depth=3)
M2.fit(df_0[["x"]], tau_0)

M3 = RandomForestRegressor(max_depth=3)
M3.fit(df_1[["x"]], tau_1)
```

　最後に傾向スコアをロジスティック回帰したモデル $g(x)$ を推定し、各人の処置の効果（因果の大きさ）の推定値 $\hat{\tau}$ を求めます。

```python
# 傾向スコアを求めます
from sklearn.linear_model import LogisticRegression

# 説明変数
X = df[["x"]]

# 被説明変数（目的変数）
Z = df["Z"]

# 回帰の実施
g_x = LogisticRegression().fit(X, Z)
g_x_val = g_x.predict_proba(X)

# それぞれのモデルで全データの効果を予測し、傾向スコアで調整
tau = g_x_val[:, 1]*M2.predict(df[["x"]]) + g_x_val[:, 0]*M3.predict(df[["x"]])
```

　推定された結果を描画します。比較用にT-Learnerの結果も掲載します（図5.2.6）。

```python
# 推定された処置効果を各人ごとに求めます
plt.scatter(df[["x"]], tau, label="estimated_treatment-effect")

# 正解を描画
plt.plot(x_index, t_ans, color='black', ls='--', label='Baseline')
```

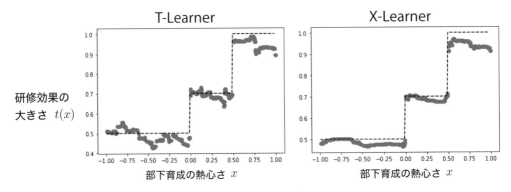

図5.2.6　部下育成の熱心さと研修効果の関係（X-Learner）

　図5.2.6を見るとX-Learnerの方がT-Learnerよりも各人の研修効果の推定値（●）がより正解の点線に収束しており、ばらつきが減っています。

まとめ

　以上、機械学習を利用した因果推論としてMeta-LearnersのT-Learner、S-Learnerそして X-Learnerを解説、実装しました。

　Meta-Learnersは結局、機械学習の回帰問題に帰着するので、第4章と同様にd分離して回帰分析をしていることと同じです。回帰モデルに使用する手法が線形回帰から、より複雑な関係を表せるランダムフォレスト回帰に変わっています。

　なお本節では、「上司向け：部下とのキャリア面談のポイント研修」の効果を因果推論しましたが、［上司の部下育成の熱心さ］変数xをどう測定するのかが困りどころです。

　例えば、当該上司のそのまた上司が評価する、実際にその上司が部下育成に充てている時間をファクトとして計測するなどが考えられます。

　注意するべき点は、今回のケースでは実際に部下から聞くのは良くない点です。部下に尋ねて変数xの値を決めるということは、［部下の面談の満足度］変数Yから、［上司の部下育成の熱心さ］変数xの方向へ因果の矢印が生まれることになります。すると双方向の矢印になり、循環の関係になるのでDAGでなくなります。すなわち、部下に「上司は部下育成に熱心ですか？」と聞くと、［部下の面談の満足度］Yに依存した変数xを取得してしまうことになるので、これは避けるべきです。

　以上、本節ではMeta-Learnersによる因果推論を解説、実装しました。次節ではDoubly Robust Learningと呼ばれる手法による因果推論を解説、実装します。

5-3 Doubly Robust Learning の実装

本節では、**Doubly Robust Learning** [3,4] と呼ばれる手法について解説、実装します。その名前の通り、4.3節で解説したDR法（Doubly Robust Estimation）を、機械学習を用いた手法に拡張した手法となります。

本節の実装ファイル：

```
5_3_doubly_robust_learning_issue18.ipynb
```

データの用意

使用するデータは5.2節と同じく「上司向け：部下とのキャリア面談のポイント研修」の非線形版の疑似データとします。データ生成の実装は5.2節と同じなので、紙面での掲載は省略します。

Doubly Robust Learning のしくみ

前節 Meta-Learners の T-Learner や S-Learner では、傾向スコアによる重み付けを利用せずに機械学習モデルを作成していました。X-Learner は2つの機械学習モデルの重み付けに傾向スコアを利用していました。

Doubly Robust Learning（以後、DR-Learner と呼びます）は、傾向スコアを4.3節のDR法と同じく、反実仮想（潜在的結果変数）の推定に利用し、より性能の高い機械学習モデルを構築する思想です。

具体的には、上司が研修を受講し $Z=1$ である、とある「iさん」が処置を受けた場合に、キャリア面談の満足度 Y、すなわち $Y_1^{i,DR}$ を

$$Y_1^{i,DR} = M_1\left(x^i\right) + \frac{Y^i - M_1\left(x^i\right)}{g\left(x^i\right)}$$

とします。ここで M_1 は介入を受けた集団（$Z^i=1$）で構築した満足度 Y^i を推定するモデル、x^i は「iさん」の属性情報（今回は「iさん」の上司の部下育成の熱心度）、そして $g(x)$ は

$Z^i=1$ となる傾向スコアを推定するモデルです。

この式の気持ちとしては、Y^i を Y^i_1 とみなすには、個別の誤差が乗っているので、それを少しでも緩和したい、というものになります。

なお、反実仮想は、$Y^{i,DR}_0 = M_0(x^i)$ として求めます。

よって「i さん」の ITE（Individual Treatment Effect）は

$$Y^{i,DR}_1 - Y^{i,DR}_0$$

となります。

同様に、処置を受けていない人の ITE は、$Y^{i,DR}_0$ が

$$Y^{i,DR}_0 = M_0(x^i) + \frac{Y^i - M_0(x^i)}{1 - g(x^i)}$$

となり、$Y^{i,DR}_1$ は $M_1(x^i)$ です。ITE は $Y^{i,DR}_1 - Y^{i,DR}_0$ となります。

DR-Learner ではこうして介入を受けた集団（$Z^i=1$）で求めた ITE と介入を受けていない集団（$Z^i=0$）で求めた ITE を使用し、x^i から ITE を推論する1つの機械学習モデル M_{DR} を最後に作成して、因果の効果を推論します。

DR-Learner の実装

本節では、機械学習モデル M_0、M_1、M_{DR} をすべてランダムフォレストで作成することとします。M_0、M_1 は 5.2 節で解説した T-Learner と同じになります。

まずは、M_0、M_1 を求めます。

```python
# ランダムフォレストモデルを作成
from sklearn.ensemble import RandomForestRegressor

# 集団を2つに分ける
df_0 = df[df.Z == 0.0]  # 介入を受けていない集団
df_1 = df[df.Z == 1.0]  # 介入を受けた集団

# 介入を受けていないモデル
M_0 = RandomForestRegressor(max_depth=3)
M_0.fit(df_0[["x"]], df_0[["Y"]])

# 介入を受けたモデル
M_1 = RandomForestRegressor(max_depth=3)
M_1.fit(df_1[["x"]], df_1[["Y"]])
```

続いて、傾向スコア（propensity score）を推定する $g(x)$ をロジスティック回帰で求めます。

```python
# 傾向スコアを求めます
from sklearn.linear_model import LogisticRegression

# 説明変数
X = df[["x"]]

# 被説明変数（目的変数）
Z = df["Z"]

# 回帰の実施
g_x = LogisticRegression().fit(X, Z)
g_x_val = g_x.predict_proba(X)
```

```python
# 処置群
Y_1 = M_1.predict(df_1[["x"]]) + (df_1["Y"] - M_1.predict(df_1[["x"]])) / \
    g_x.predict_proba(df_1[["x"]])[:, 1]   # [:,1]はZ=1側の確率
df_1["ITE"] = Y_1 - M_0.predict(df_1[["x"]])

# 非処置群
Y_0 = M_0.predict(df_0[["x"]]) + (df_0["Y"] - M_0.predict(df_0[["x"]])) / \
    g_x.predict_proba(df_0[["x"]])[:, 0]   # [:,0]はZ=0側の確率
df_0["ITE"] = M_1.predict(df_0[["x"]]) - Y_0

# 表を結合する
df_DR = pd.concat([df_0, df_1])
df_DR.head()
```

構築した3つのモデルからDoubly Robustに基づいたITEを求めます。そしてITEを求めるモデル M_{DR} を作成します。最後にモデル M_{DR} から各人ごとに推定された処置効果を求めます（図5.2.7）。

```python
# モデルM_DRを構築し、各人の処置効果をモデルから求める

# モデルM_DR
M_DR = RandomForestRegressor(max_depth=3)
M_DR.fit(df_DR[["x"]], df_DR[["ITE"]])

# 推定された処置効果を各人ごとに求めます
t_estimated = M_DR.predict(df_DR[["x"]])
plt.scatter(df_DR[["x"]], t_estimated,
            label="estimated_treatment-effect")
```

第1部

1
2
3
4
5章
6
7
8

```python
# 正解のグラフを作成
x_index = np.arange(-1, 1, 0.01)
t_ans = np.zeros(len(x_index))
for i in range(len(x_index)):
    if x_index[i] < 0:
        t_ans[i] = 0.5
    elif x_index[i] >= 0 and x_index[i] < 0.5:
        t_ans[i] = 0.7
    elif x_index[i] >= 0.5:
        t_ans[i] = 1.0

# 正解を描画
plt.plot(x_index, t_ans, color='black', ls='--', label='Baseline')
```

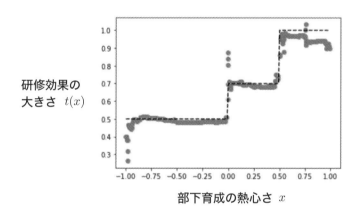

研修効果の
大きさ $t(x)$

部下育成の熱心さ x

図5.3.1 部下育成の熱心さと研修効果の関係（DR-Learner）

まとめ

　DR法と機械学習モデルを組み合わせたDoubly Robust Learning（DR-Leaner）について解説、実装しました。5.2節のX-Learnerとは異なる形で傾向スコアの推定モデルを利用した手法となります。

　なお本節でも解説と実装を簡素化するため、ランダムフォレストのハイパーパラメータ max_depthについては決め打ちで適当に設定しています。本来はデータを訓練データと検証データに分ける、もしくはn-foldクロスバリデーションするなどして、適切なハイパーパラメータを設定した性能の良い（すなわち、検証データでの性能が高く、未知のデータでも性能が高くなりそう＝汎化性能が高そう）なモデルを構築して使用します。

　本節で『第5章 機械学習を用いた因果推論』は終了です。本章でははじめに機械学習モデ

ルとして決定木、そしてランダムフォレストによる分類と回帰のしくみを解説し、実装しました。続いて機械学習を用いた因果推論手法として、Meta-Learners（T-Learner、S-Learner、X-Learner）、Doubly Robust Learningについてそのアルゴリズムを解説し、実装しました。これらの手法では処置効果が非線形であり、かつ他の変数に依存する場合や、変数間の因果関係が非線形な場合でも因果効果を推定することができます（ランダムフォレスト回帰が非線形回帰の手法であるため）。

　本章で『第1部 因果推論』は終了となります。ここまでの内容で、「因果推論とはどういったものなのか」そして、データを計測した後に因果ダイアグラムを描いて、d分離し、因果の効果を推定することができるようになりました。

　第6章からは『第2部 因果探索』に入ります。観測したデータの因果関係が自明な場合は良いですが、そうでない場合、すなわち変数間の因果の矢印の方向や有無が分からない状態では因果推論を実施できません。このような場合に観測データから因果ダイアグラムを求める手法について取り組みます。

引用

［1］AIエンジニアを目指す人のための機械学習入門 実装しながらアルゴリズムの流れを学ぶ, 電通国際情報サービス 清水琢也、小川雄太郎, 技術評論社, 2020.

［2］Künzel, S. R., Sekhon, J. S., Bickel, P. J., & Yu, B. (2017). Meta-learners for Estimating Heterogeneous Treatment Effects using Machine Learning. arXiv e-prints, page. arXiv preprint arXiv:1706.03461.

［3］Chernozhukov, V., Chetverikov, D., Demirer, M., Duflo, E., Hansen, C., & Newey, W. K. (2016). Double machine learning for treatment and causal parameters (No. CWP49/16). cemmap working paper.

［4］Foster, D. J., & Syrgkanis, V. (2019). Orthogonal statistical learning. arXiv preprint arXiv:1901.09036.

第2部

因果探索

第**6**章

LiNGAMの実装

6-1 LiNGAM (Linear Non-Gaussian Acyclic Model) とは

　本章から『第2部 因果探索』に入ります。

　因果探索とは、例えば「生活習慣と疾病の大規模調査」、「企業における、働きやすさ、仕事のやりがい、組織や上司への満足度など、働き方改革に伴う社員の意識調査」など、多くの項目をアンケート調査などで収集した後に、調査項目の間にある因果関係（ネットワークのつながり方）を求める試みです。

　本章では因果探索の代表的手法である**LiNGAM**（Linear Non-Gaussian Acyclic Model）[1] を解説、実装します。

LiNGAMの前提

　LiNGAMは3.1節で解説した構造方程式モデル（SEM：Structual equation modelもしくはSCM：Structural causal model）を前提に置いて、因果探索を実施します。

　Linear non-Gaussian Acyclic Modelという名前の通り、線形（Linear）な構造方程式を扱います。そしてnon-Gaussianという名称は、線形モデルの誤差項が**"ガウス分布に従うノイズではない"**という条件のもとで分析を実施する前提を示します。

　一般的に誤差項のノイズにはガウス分布を仮定することも多いですが、LiNGAMの場合ガウス分布に従うノイズは扱えません（その理由はのちほど説明します）。

　そして名称の最後のAcyclic ModelとはDAG（Directed acyclic graph）を扱うということを意味です。つまり因果関係が循環することのない構造方程式モデルという前提のもとで因果探索を実施します。

　例えば変数 x, y, z の因果関係を構造方程式モデルで記載すると、

$$x = f_x(y, z, e_x)$$
$$y = f_y(x, z, e_y)$$
$$z = f_z(x, y, e_z)$$

となります。LiNGAMでは、

$$x_1 = b_{12}x_2 + b_{13}x_3 + e_1$$
$$x_2 = b_{21}x_1 + b_{23}x_3 + e_2$$
$$x_3 = b_{31}x_1 + b_{32}x_2 + e_3$$

のように、線形な構造方程式を仮定します。ここで変数 x, y, z を、変数 x_1, x_2, x_3 に書きな

おしています。各変数 x_1, x_2, x_3 がベクトルで記載されているのは、観測したデータ N 個をまとめて表しているからです。この式を、行列を使って書きなおすと、

$$\begin{pmatrix} x_1 \\ x_2 \\ x_3 \end{pmatrix} = \begin{pmatrix} 0 & b_{12} & b_{13} \\ b_{21} & 0 & b_{23} \\ b_{31} & b_{32} & 0 \end{pmatrix} \begin{pmatrix} x_1 \\ x_2 \\ x_3 \end{pmatrix} + \begin{pmatrix} e_1 \\ e_2 \\ e_3 \end{pmatrix}$$

となります。各ベクトルと行列をそれぞれ x、B、e で表すと、

$$x = Bx + e$$

です。

　LiNGAM による因果探索とは、観測されているデータ $x = (x_1, x_2, x_3)^\mathrm{T}$ から b_{12} や b_{13} の値を推定し、行列 B を求め、線形な構造方程式を求めることになります。

非循環性（Acyclic）による行列 B の制限

　LiNGAM は非循環（非巡回：Acyclic）を前提とするので、行列 B には制限がかかります。すでに前出の数式では行列 B の対角要素が0でした。自分への循環がないので b_{ii}、すなわち対角要素は0となります。

　さらに、変数が循環することがないので、因果の上流にある変数から順番に記載するように変数 x_1, x_2, x_3 の順番を並び替えれば、行列 B は下三角行列になります。

　例えば、変数 x_1, x_2, x_3 を因果の上流から並び変えると、変数 x_2, x_1, x_3 となる場合、行列で表した式は、

$$\begin{pmatrix} x_2 \\ x_1 \\ x_3 \end{pmatrix} = \begin{pmatrix} 0 & 0 & 0 \\ b_{12} & 0 & 0 \\ b_{31} & b_{32} & 0 \end{pmatrix} \begin{pmatrix} x_2 \\ x_1 \\ x_3 \end{pmatrix} + \begin{pmatrix} e_2 \\ e_1 \\ e_3 \end{pmatrix}$$

のような形になります。つまり最上流の変数 x_2 には、下流の変数 x_1, x_3 からは影響がありません。そして、2番目の変数 x_1 の場合は、その上流にある変数、ここでは変数 x_2 からは影響がありますが、自分より下流にある変数 x_3 からは因果がなく、影響がありません。

　なお、本章で下三角行列と呼んだときには対角成分より上側の要素が全部0で、対角成分も0の行列を指します（一般的に下三角行列と呼んだ場合、対角成分は0とは限りません）。

　変数 x_1, x_2, x_3 の順番が入れ替わっているとややこしいので、因果の上流から並び替えた状態で変数 x_1, x_2, x_3 を割り当てなおし、記載することにします。つまり、

$$\begin{pmatrix} x_1 \\ x_2 \\ x_3 \end{pmatrix} = \begin{pmatrix} 0 & 0 & 0 \\ b_{21} & 0 & 0 \\ b_{31} & b_{32} & 0 \end{pmatrix} \begin{pmatrix} x_1 \\ x_2 \\ x_3 \end{pmatrix} + \begin{pmatrix} e_1 \\ e_2 \\ e_3 \end{pmatrix}$$

です。これは、$x = Bx + e$ と表され、行列 B は下三角行列行列です。

　"循環しないとは、行列 B が下三角行列です" と説明されても、理解しづらいかと思います。対角成分より上側の項が0でない場合、変数 x_j から変数 x_i への因果の矢印があることになります、すなわち $b_{ij} \neq 0$（ただし、$i < j$）。行列 B の下側は成分を持つので $b_{ji} \neq 0$ です。よって、対角成分より上側の項が0でない場合、$b_{ij} \neq 0$ であり $b_{ji} \neq 0$ でもあるので、変数 x_i と変数 x_j で双方向に循環が生まれてしまいます（$x_j \to x_i \to x_j$）。これでは非循環（非巡回）の前提が成り立ちません。非循環な構造方程式モデルでは変数 x_1, x_2, x_3 の順番を並び替えれば、行列Bは下三角行列（対角成分より上側は全部0）になることになります。

行列 B の求め方

　LiNGAMでは行列 B が求まれば、構造方程式モデル、そして因果ダイアグラムが明らかになります。この行列 B を求めるにあたり、構造方程式モデルを変形します。

$$x = Bx + e$$
$$(I - B)x = e$$
$$x = (I - B)^{-1}e$$

ここで I は単位行列を示します。$(I - B)^{-1}$ を A と記載すると、

$$x = Ae$$

です。行列 A を要素で明示的に書くと、

$$\begin{pmatrix} x_1 \\ x_2 \\ x_3 \end{pmatrix} = \begin{pmatrix} a_{11} & a_{12} & a_{13} \\ a_{21} & a_{22} & a_{23} \\ a_{31} & a_{32} & a_{33} \end{pmatrix} \begin{pmatrix} e_1 \\ e_2 \\ e_3 \end{pmatrix}$$

となります。これは、x_1 だけを取り出して書くと、

$$x_1 = a_{11}e_1 + a_{12}e_2 + a_{13}e_3$$

となります。

　LiNGAMにおいて因果関係を求めるために行列 B を求めたかったのですが、それは $(I-B)^{-1} = A$ としたときの、$x = Ae$ の A が求まれば良い、という状態に置き換わりました。

まとめ

　本節では因果探索の代表的手法であるLiNGAMについて、その概要を解説しました。LiNGAMのポイントは、線形な構造方程式モデルを扱うこと、誤差ノイズは非ガウスなノイズであること、そして非循環な構造であること、という3つの前提を置いている点です。

　このようなときに構造方程式モデリング$x = Bx + e$の係数行列Bを求めることで、変数間の因果関係の有無、そしてその大きさを求めます。

　係数行列BはLiNGAMの非循環の前提条件から、変数を因果の上流から置きなおした場合には下三角行列になります。そして、LiNGAMではこの行列Bを直接求めるのではなく、$(I-B)^{-1}=A$としたときの、$x=Ae$のAをまず求めます。

　次節では、$x=Ae$のAを求めるための手法である独立成分分析について解説します。

6-2　独立成分分析とは

　本節ではLiNGAMで因果探索する際にカギとなる**独立成分分析：ICA**（Independent Component Analysis）[2]について解説します。

独立成分分析とは

　機械学習の教師なし学習手法に、データの次元圧縮で使用する主成分分析（PCA：Principal Component Analysis）と呼ばれる手法があります。独立成分分析はこの主成分分析をさらに発展させた手法となります。

　主成分分析とはデータxを、各要素間で**相関が0になるように変換した**、x_{pca}という新たな変数に線形変換する操作です（本書では主成分分析の詳細は解説しきれないため、[3]などをご覧ください）。

　独立成分分析は、相関が0になったx_{pca}をさらに線形変換して、**要素間の関係を独立にする操作**です。

　独立と相関0の違いが難しいですが、データxがガウス分布に従う場合、独立と相関0は同じ状況を指します。一方で対象データが非ガウス分布に従う場合（non-Gaussian）、主成分分析で相関が0になるのですが、独立にはなりません。

　本書では独立と相関0の違いについて詳細な解説は行いません。気になる方は、[1]をご覧ください。

　独立成分分析は、主成分分析の結果x_{pca}に対し、データは非ガウスであるという特徴を使って線形変換を実施し、x_{pca}の要素間が独立となる新たな変数x_{ica}を作成します。この際の線形変換を求める手法はいくつかのバリエーションがあります[2]。具体的な独立成分分析の手順についても本書では解説しません。気になる方は[2]や[4]をご覧ください。

　独立成分分析は機械学習ライブラリscikit-learnに搭載されており、簡単に使用することができます。

　本書のレベルで押さえていただきたい内容は、独立成分分析を利用することで、データxを

$$x = A_{ica}x_{ica}$$

と、行列A_{ica}とx_{ica}に分解できるということです。ここで、x_{ica}をe_{ica}と記載し直すと、

$$x = A_{ica}e_{ica}$$

です。そして独立成分分析の対象が非ガウスという仮定は、LiNGAMで想定していた前提、ノイズがnon-Gaussianとも一致します。前節の最後で紹介した $(I-B)^{-1}=A$ としたときのLiNGAMの数式は、

$$x = Ae$$

で、eが非ガウスなノイズでした。独立成分分析による変数変換と、LiNGAMで求めたい式の形が一致していることが分かります。よって、LiNGAMでは観測したデータ x に対して、$x = Ae$ の独立成分分析を実施することで構造方程式モデルを求めることができます。

独立成分分析とLiNGAMをつなぐ

　しかしながら、独立成分分析とLiNGAMをつなぐためには、さらなる工夫が必要になります。その点について解説します。
　独立成分分析によりデータ x を

$$x = A_{ica}e_{ica}$$

と分解する行列 A_{ica} と e_{ica} が求まります。
　しかし実はこの行列 A_{ica} は、LiNGAMで求めたい構造方程式モデル

$$x = Bx + e$$

において、$(I-B)^{-1}=A$ としたときの

$$x = Ae$$

の A とは必ずしも一致しません。
　独立成分分析における行列 A_{ica} と e_{ica} の特徴ですが、A_{ica} には**"倍数"** と**"行交換"** の自由度があります。すなわち、A_{ica} を適当にD倍した場合、e_{ica} が「D分の1 ($\frac{1}{D}$)」になれば良いので、A_{ica} の各要素はその大きさが不定です。
　また、e_{ica} が e_1、e_2、e_3 と並んでいる場合でも、順番を適当に変えて、e_3、e_1、e_2 と並んでいる場合でも A_{ica} の要素の配置を変えれば元のデータ x が復元できるので、行交換に対しても不定です。
　続いて、LiNGAMにおける行列 A の特徴を整理しましょう。LiNGAMではデータ x の要素の順番を因果の上流から並べて記載する、そして非巡回である、これらの前提から係数行列 B は下三角行列になりました（本書では、下三角行列と記載したときに対角成分も0とし

ています)。

　そのため、LiNGAMにおいて $A = (I - B)^{-1}$ の逆行列である $A^{-1} = (I - B)$ を考えたときには、係数行列 B が下三角行列であることから、A^{-1} は対角成分が1、そして、対角成分より上側はすべて要素が0、という特徴を持ちます。

　ゆえに、A_{ica}^{-1} は対角成分が1、そして、対角成分より上側はすべて要素が0という特徴となるように、"行の大きさを調整"、そして"行の順番を変換"してあげる必要があります。

　これらの操作を行うことで、LiNGAMで因果関係を求めるための係数行列 B を求めることができます。

まとめ

　本節では独立成分分析についてその概要を説明しました。独立成分分析は主成分分析にさらに線形変換を加えた操作であり、対象データ x が非ガウス分布であれば、

$$x = A_{ica} e_{ica}$$

と、行列 A_{ica} と e_{ica} に分解できるということを押さえていただければ、本書の範囲では十分です。

　また行列 A_{ica} には"倍数"と"行交換"の自由度があること、そしてLiNGAMで求めたい A を求めるには、A_{ica}^{-1} に対して"行の大きさを調整"、"行の順番を変換"し、対角成分が1、そして、対角成分より上側はすべて要素が0となるように変換する必要があることを押さえてください。

　次の6.3節では、実際に実装しながら、LiNGAMの理解を深めていきます。

6-3　LiNGAMによる因果探索の実装

　本節ではLiNGAMによる因果探索を実際に実装しながら、そのしくみの理解を深めていきます。疑似データを作成して実装を行います。

本節の実装ファイル：

```
6_3_lingam.ipynb
```

因果探索に使用する疑似データの構造

　因果探索に使用する疑似データを作ります。疑似データを、構造方程式モデルで記載すると、

$$x_1 = 3 \times x_2 + e_{x1}$$
$$x_2 = e_{x2}$$
$$x_3 = 2 \times x_1 + 4 \times x_2 + e_{x3}$$

とします。因果ダイアグラムで記載すると以下の図6.3.1となります。

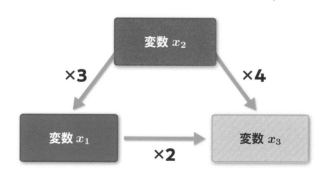

図6.3.1　因果探索を実施する模擬データの構造

　まずこれらのデータを生成します。

131

```python
# データ数
num_data = 200

# 非ガウスのノイズ
ex1 = 2*(np.random.rand(num_data)-0.5)  # -1.0から1.0
ex2 = 2*(np.random.rand(num_data)-0.5)
ex3 = 2*(np.random.rand(num_data)-0.5)

# データ生成
x2 = ex2
x1 = 3*x2 + ex1
x3 = 2*x1 + 4*x2 + ex3

# 表にまとめる
df = pd.DataFrame({"x1": x1, "x2": x2, "x3": x3})
df.head()
```

それでは LiNGAM を実施します。最初は独立成分分析を行い、A_{ica}^{-1} を求めます。

```python
# 独立成分分析は scikit-learn の関数を使用します
from sklearn.decomposition import FastICA
# https://scikit-
  learn.org/stable/modules/generated/sklearn.decomposition.FastICA.html

ica = FastICA(random_state=1234, max_iter=10000).fit(df)

# ICAで求めた行列A
A_ica = ica.mixing_

# 行列Aの逆行列を求める
A_ica_inv = np.linalg.pinv(A_ica)
print(A_ica_inv)
```

（出力）

```
[[-0.23203107 -0.4635971   0.1154553 ]
 [-0.02158245  0.12961253  0.00557934]
 [-0.11326384  0.40437635 -0.00563091]]
```

　続いて、A_{ica}^{-1} に対して、①「行の順番を変換」、②「行の大きさを調整」し、対角成分が 1、そして、対角成分より上側はすべて要素が 0 となるようにします。

　はじめに使用するパッケージ「munkres」をインストールし、import します。

```
!pip install munkres
from munkres import Munkres
from copy import deepcopy
```

次に、A_{ica}^{-1} に対して、①「行の順番を変換」を行います。

行の順番を並び替える基準ですが、求めたい A^{-1} は対角成分が 1 になるものでした。すなわち対角成分が非ゼロです。よって、"A_{ica}^{-1} の対角成分の絶対値をできるだけ大きくしたい"です。

"A_{ica}^{-1} の対角成分の絶対値をできるだけ大きくしたい" という行為は、"A_{ica}^{-1} の絶対値行列を逆数にした行列において、対角成分の和が最小になるようにしたい" という行為になります（なぜ、これらの操作が等価なのかの解説は本書の範囲を超えるので元論文[1] などをご覧ください）。

この部分は実装コードも難しいので、まあそういうことをしているのか……程度に理解いただければと思います。実装には[5] を参考にしています。

```
# 実装の参考
# [5] Qiita：LiNGAM モデルの推定方法について
# https://qiita.com/m__k/items/bd87c063a7496897ba7c

# ①「行の順番を変換」→対角成分の絶対値を最大にする
# （元の A^-1 の対角成分は必ず 0 ではないので）

# 絶対値の逆数にして対角成分の和を最小にする問題に置き換える
A_ica_inv_small = 1 / np.abs(A_ica_inv)

# 対角成分の和を最小にする行の入れ替え順を求める
m = Munkres()  # ハンガリアン法
ixs = np.vstack(m.compute(deepcopy(A_ica_inv_small)))

# 求めた順番で変換
ixs = ixs[np.argsort(ixs[:, 0]), :]
ixs_perm = ixs[:, 1]
A_ica_inv_perm = np.zeros_like(A_ica_inv)
A_ica_inv_perm[ixs_perm] = A_ica_inv
print(A_ica_inv_perm)
```

（出力）

```
[[-0.11326384  0.40437635 -0.00563091]
 [-0.02158245  0.12961253  0.00557934]
 [-0.23203107 -0.4635971   0.1154553 ]]
```

　　並び変わった順番を確認します。

```
# 並び替わった順番
print(ixs)
```

（出力）

```
[[0 2]
 [1 1]
 [2 0]]
```

　　この出力は、元のindex0（1行目）はindex2（3行目）になった。そして、1行目は1行目になった（変化なし）。そして、3行目は1行目になった。ということを示しています。確かに出力を見ても、1行目と3行目が入れ替わっています。

　　続いて、A_{ica}^{-1} の各行の大きさを調整します。ここでは対角成分が1になるように各行を割り算します。実装は次の通りです。

```
# ②「行の大きさを調整」
D = np.diag(A_ica_inv_perm)[:, np.newaxis]  # D倍されているDを求める
A_ica_inv_perm_D = A_ica_inv_perm / D
print(A_ica_inv_perm_D)
```

（出力）

```
[ 1.         -3.57021564  0.04971498]
[-0.16651518  1.          0.0430463 ]
[-2.00970483 -4.01538182  1.         ]]
```

　　次に、$A^{-1} = (I - B)$ なので、$B = I - A^{-1}$ として B を計算します。

```
# ③「B=I-A_inv」
B_est = np.eye(3) - A_ica_inv_perm_D
print(B_est)
```

（出力）

```
[[ 0.          3.57021564 -0.04971498]
 [ 0.16651518  0.         -0.0430463 ]
 [ 2.00970483  4.01538182  0.         ]]
```

　　出力された結果を見ると、推定した B_{est} は下三角行列ではありません。そもそも今回は変数が因果の上流から順番には並んでおらず、

$$x_1 = 3 \times x_2 + e_{x1}$$
$$x_2 = e_{x2}$$
$$x_3 = 2 \times x_1 + 4 \times x_2 + e_{x3}$$

より、正解の $\boldsymbol{B}$ は

$$\boldsymbol{B} = \begin{pmatrix} 0 & 3 & 0 \\ 0 & 0 & 0 \\ 2 & 4 & 0 \end{pmatrix}$$

でした。$\boldsymbol{B}_{est}$ には計算の誤差、そしてデータが有限なため、0になるべき部分が完璧には0になっていません。また今回はどこが0になるのか分かっているから良いのですが、未知のデータでは何個が0になるのか？　どの要素が0になるべきなのか？　は不明です。

そこで手続きとしては、①上側成分の0になるはずの数（3×3であれば3個、4×4であれば6個と、対角成分の上側の要素数分）、絶対値が小さい成分を0にする。そして、②変数の順番を入れ替えて、$\boldsymbol{B}_{est\_transformed}$ が下三角行列になるかを確かめる、を行います。これでまだ $\boldsymbol{B}_{est\_transformed}$ が下三角行列でない場合は、さらに1つ、絶対値の小さな成分を0にして、②を実施、を繰り返します。

まず $\boldsymbol{B}_{est}$ に①上側成分の0になるはずの数（今回は3個）分、絶対値が小さい成分を0にするを実施すると、

$$\boldsymbol{B}_{est} = \begin{pmatrix} 0 & 3.57021564 & 0 \\ 0 & 0 & 0 \\ 2.00970483 & 4.01538182 & 0 \end{pmatrix}$$

です。そして、これは、②変数の順番を入れ替えて、$\boldsymbol{B}_{est\_transformed}$ が下三角行列になるかを確かめます。変数の1番目と2番目を入れ替えた場合を考えましょう。このときは、

$$\begin{pmatrix} x_1 \\ x_2 \\ x_3 \end{pmatrix} = \begin{pmatrix} 0 & b_{12} & b_{13} \\ b_{21} & 0 & b_{23} \\ b_{31} & b_{32} & 0 \end{pmatrix} \begin{pmatrix} x_1 \\ x_2 \\ x_3 \end{pmatrix} + \begin{pmatrix} e_1 \\ e_2 \\ e_3 \end{pmatrix}$$

が、

$$\begin{pmatrix} x_2 \\ x_1 \\ x_3 \end{pmatrix} = \begin{pmatrix} 0 & b_{21} & b_{23} \\ b_{12} & 0 & b_{13} \\ b_{32} & b_{31} & 0 \end{pmatrix} \begin{pmatrix} x_2 \\ x_1 \\ x_3 \end{pmatrix} + \begin{pmatrix} e_2 \\ e_1 \\ e_3 \end{pmatrix}$$

となるため、

$$\boldsymbol{B}_{est\_transformed} = \begin{pmatrix} 0 & 0 & 0 \\ 3.57021564 & 0 & 0 \\ 4.01538182 & 2.00970483 & 0 \end{pmatrix}$$

となり、下三角行列となります。

よって、$\boldsymbol{B}_{est}$ は非循環の条件を満たしている行列となっていることが分かります。

ここまで言葉で解説した内容の実装は複雑なため、紙面への計算は省略します。プログラ

135

ムの実装で実現している内容は上記解説の通りです。

　最後に再度、$\boldsymbol{B}_{est}$ の要素を4.1節で解説した回帰分析で求めます。回帰分析で行列 B の成分を再度求めるのは、現状の $\boldsymbol{B}_{est}$ の0でない要素は、絶対値の小さい成分のゼロ化の操作を実施する前の値なので、ゼロ化操作後での係数を求めたいからです。

　今回は $\boldsymbol{B}_{est}$ は3つの要素が0でないので、3つのパスが存在します。パスが存在する部分のみを考慮した回帰モデルを構築し、因果の大きさを求めます

```python
# scikit-learnから線形回帰をimport
from sklearn.linear_model import LinearRegression

# 説明変数
X1 = df[["x2"]]
X3 = df[["x1", "x2"]]

# 被説明変数（目的変数）
# df["x1"]
# df["x3"]

# 回帰の実施
reg1 = LinearRegression().fit(X1, df["x1"])
reg3 = LinearRegression().fit(X3, df["x3"])

# 回帰した結果の係数を出力
print("係数：", reg1.coef_)
print("係数：", reg3.coef_)
```

（出力）

```
係数： [3.14642595]
係数： [1.96164568 4.11256441]
```

　疑似データは以下の式、

$$x_1 = 3 \times x_2 + e_{x1}$$
$$x_2 = e_{x2}$$
$$x_3 = 2 \times x_1 + 4 \times x_2 + e_{x3}$$

から生成したので、推定結果の

$$x_1 = 3.1 \times x_2 + e_{x1}$$
$$x_2 = e_{x2}$$
$$x_3 = 2.0 \times x_1 + 4.1 \times x_2 + e_{x3}$$

は、元の構造方程式モデルとほぼ同じとなっています。よって、観測したデータ $(\boldsymbol{x_1}, \boldsymbol{x_2}, \boldsymbol{x_3})^{\mathrm{T}}$ から構造方程式モデルを求めることができました。

以上が、LiNGAMによる因果探索の流れとなります。

まとめ

本節では疑似データを生成し、実際にLiNGAMを実装しながら、因果探索アルゴリズムの理解を深めていきました。

途中実装で理解が難しい部分がありますが、まずは概要を理解いただければと思います。LiNGAMについては元論文[1]の著者による書籍[6]も詳しいので、より理解を深めたい方はこちらもご覧ください。

次章ではベイジアンネットワークと呼ばれる手法による因果探索について解説します。

引用

[1] Shimizu, S., Hoyer, P. O., Hyvärinen, A., & Kerminen, A. (2006). A linear non-Gaussian acyclic model for causal discovery. Journal of Machine Learning Research, 7(Oct), 2003-2030.

[2] アーポ ビバリネンら. 詳解 独立成分分析. 東京電機大学出版, 2005.

[3] AIエンジニアを目指す人のための機械学習入門 実装しながらアルゴリズムの流れを学ぶ, 電通国際情報サービス 清水琢也、小川雄太郎, 技術評論社, 2020.

[4] 村田昇. 入門独立成分分析. 東京電機大学出版局, 2004.

[5] Qiita：LiNGAMモデルの推定方法について
https://qiita.com/m__k/items/bd87c063a7496897ba7c

[6] 清水 昌平. 統計的因果探索 (機械学習プロフェッショナルシリーズ). 講談社, 2017.

第7章

ベイジアンネットワークの実装

7-1 ベイジアンネットワークとは

　本章ではベイジアンネットワークを活用した因果探索について解説、実装します。

　ベイジアンネットワークは深く広がった分野です。たった1章だけで書ききれる内容ではありません。本章では読者のみなさまが、ベイジアンネットワークの概観とその使い方を大まかに把握でき、ベイジアンネットワークの世界への良き導入となることを目指して解説を進めます。

　本節ではそもそもベイジアンネットワークとは何なのか、について解説します。

ベイジアンネットワークとは

　ベイジアンネットワークは、第3章で解説したグラフ表現（因果ダイアグラム）によるネットワーク図をベースとした、変数間の関係性を表す手法です。

　そのため第3章で解説した有向（Directed）で非循環（Acyclic）なグラフである DAG（Directed Acyclic Graph）の概念、そして因果推論においてどの変数を考慮すべきかを判断するための d 分離の概念は、ベイジアンネットワークにおいても共通です。

　ベイジアンネットワークには、非循環（Acyclic）ではないネットワークを扱う手法もありますが、基本的には本書でこれまで扱ってきたのと同じく、DAG である因果ダイアグラムを対象とします。

スケルトンと PDAG（Partially DAG）

　ベイジアンネットワークでは DAG を扱いますが、その途中過程で、**スケルトン**や **PDAG**（Partially DAG）と呼ばれる概念を扱います。図7.1.1 にスケルトンと PDAG の例を示します。

　スケルトンとは骨格構造のことであり、DAG において、因果の方向を示す矢印がないグラフを示します。スケルトンは、最終的な DAG においてどのノードとどのノードの間につながり（エッジ）が存在するのかの情報を与えてくれます。

　PDAG はスケルトンと DAG の中間にあたる存在です。一部の辺（エッジ）には因果の方向を示す矢印がありますが、その他のエッジは無向となっているグラフを指します。

図7.1.1　スケルトンとPDAG（Partially DAG）の例

ベイジアンネットワークのノード間の関係性

　第6章のLiNGAMにおいては、因果ダイアグラムのノード間の関係性（因果関係がある変数の関係性）を表現する際に、構造方程式モデルを用意して、数式を利用して変数間の関係性を表現してきました。

　ベイジアンネットワークでは構造方程式は使用せず、因果関係のあるノード間の関係性を、**条件付き確率表（CPT：Conditional Probabilities Tables）** と呼ばれる手法を利用して表現します。

　前出の図7.1.1における、変数 x_1, x_2, x_3 のCPTを例に示します（図7.1.2）。ここで変数 x_1, x_2, x_3 はすべて0か1となる2値変数とします。

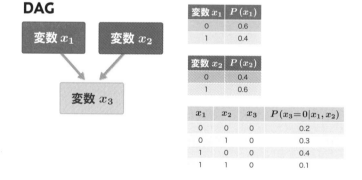

図7.1.2　CPT（条件付き確率表）の例

　図7.1.2では、変数 x_1 は確率60％で0、40％で1の値となります。変数 x_2 は確率40％で0、60％で1の値となります。変数 x_3 は変数 x_1 と変数 x_2 から因果の矢印が伸びており、因果関係にあります。そのため、変数 x_1 と変数 x_2 の値に応じて、値が変わります。変数 x_3 がとる

値の確率は $P(x_3 = 0|x_1, x_2)$ で示されます。$x_3 = 0$ のみが記載されていて、$x_3 = 1$ の表がありませんが、x_3 の値は0か1なので、0のときの確率を1.0から引き算したものが $x_3 = 1$ の確率です。そのため、$P(x_3 = 1|x_1, x_2)$ の表は、図7.1.2では掲載を省略しています（これは、変数 x_1、x_2 も同じですが、この2変数の場合は1行追記するだけなので、掲載しています）。

　つまり、図7.1.2では、例えば $x_1 = 0$、$x_2 = 1$ の場合、x_3 は30%の確率で0、70%の確率で1になるということを示します。

　ベイジアンネットワークにおいては変数間の関係を条件付き確率表CPTで表せるよう、変数を離散値として扱うことが一般的です。連続値として扱う手法も存在しますが、本書においては、変数を離散値に限ります（つまり変数の値は0もしくは1であったり、0から9までの10種類の値であったりします）。

　仮に変数が連続値である場合には、ビンで区切ることで離散値に変換し、離散変数として扱います（連続変数の離散化については7.5節で扱います）。

まとめ

　以上、本節ではベイジアンネットワークとはどのようなものなのかについて簡単に解説しました。本書でこれまで扱ってきた因果ダイアグラムと同じく、DAGやd分離の概念が存在するネットワークを用いること、スケルトンやPDAGという概念が使われること、変数は離散値を扱い、変数間の関係性は構造方程式ではなく、条件付き確率表CPTで表されることを押さえてください。

　次節では、ベイジアンネットワークにおいてネットワークの構造を推定するうえで重要となる、ネットワークの妥当性を求める指標について解説します。

7-2 ネットワークの当てはまりの良さを測る方法

　本節では、とあるベイジアンネットワークに対して実測されたデータを与えたときに、どれくらい当てはまりが良いのか？　すなわち実測されたデータがそのベイジアンネットワークから生まれた確率の大きさ（のようなもの）を示す指標について解説します。これは言い換えると、実測データに対して手元のベイジアンネットワークの当てはまりの良さを計算する手法となります。

　複数のベイジアンネットワークに対して、実測されたデータの当てはまりの良さを計算して比較し、当てはまりの良さの指標値が最大のネットワークを求めることで、そのデータが生まれた背後にあるベイジアンネットワークの最有力候補を推定することができます。

　本節でははじめに手計算を実施して指標値の計算の流れを学び、その後ライブラリを使用した実装を解説します。

本節の実装ファイル：

```
7_2_bayesian_network_bic.ipynb
```

ネットワークの当てはまりの良さを測る方法

　ベイジアンネットワークにおいて、データに対するネットワークの当てはまりの良さを示す指標は複数存在します。例えば、AIC（Akaike information criterion）、BIC（Bayesian information criterion）、MDL符号（minimum description length）、BDe（Baysian Dirichlet equivalent）、BDeu（Bayesian Dirichlet equivalent uniform）、K2などが存在します [1]。

　本書ではBICを取り上げ、その概要を解説します。その他の指標の場合はBICとは少し計算手法が異なりますが、基本的な計算の手続きは似ています。まずはBICを理解してみてください。

　BICは以下の式で計算されます。

$$BIC_m = -2l_m\left(\theta_m|\boldsymbol{X}\right) + k_m(\log N)$$

　ここで下付き文字のmはモデルを表します。すなわち、現在対象としているベイジアンネットワークのDAGです。$\boldsymbol{X}$は実測されたデータを示します。k_mはモデルのパラメータ数を、Nは実測されたデータ数を示します。$l_m\left(\theta_m|\boldsymbol{X}\right)$はデータ$\boldsymbol{X}$のもとでのモデルの対数尤度です。

対数尤度 $l_m(\theta_m|\boldsymbol{X})$ の具体的な計算についてはのちほど解説します。そして、θ_m がベイジアンネットワークの構造、すなわち条件付き確率表CPTを示します。

図7.1.2で示したベイジアンネットワークを再掲します（図7.2.1）。

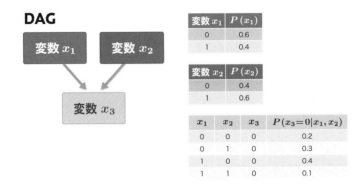

図7.2.1　CPT（条件付き確率表）の例（再掲図7.1.2）

図7.2.1の左側の図がモデル m を示します。モデルのパラメータ数 k_m はCPT（条件付き確率表）の行数となり6です。図7.2.1ではCPT は8行ありますが、すべて2値変数なので、0の確率が $P(0)$ が分かれば、1の確率は"$1.0 - P(0)$"です。そのため、変数 x_1 と変数 x_2 の表はパラメータ数としては1行です。ゆえに $1+1+4=6$ から、パラメータ数は6となります。

続いて、図7.2.1のベイジアンネットワークから、例えば以下の表7.2.1に示す10個のデータ $\boldsymbol{X}$ が観測されたとします（表7.2.1）。

表7.2.1 実測されたデータ $\boldsymbol{X}$

変数 x_1	変数 x_2	変数 x_3
0	0	1
1	1	1
0	1	0
1	1	1
1	0	1
0	1	1
0	1	1
1	0	1
1	1	1
1	1	1

なお表7.2.1のデータXを生成した実装コードは次の通りです。

```
# データ数
num_data = 10

# x1：0か1の値をnum_data個生成、0の確率は0.6、1の確率は0.4
x1 = np.random.choice([0, 1], num_data, p=[0.6, 0.4])

# x2：0か1の値をnum_data個生成、0の確率は0.4、1の確率は0.6
x2 = np.random.choice([0, 1], num_data, p=[0.4, 0.6])

# 2変数で表にする
df = pd.DataFrame({'x1': x1,
                   'x2': x2,
                   })

df.head()  # 先頭を表示
```

上記で変数x_1と変数x_2を生成したのち、その値に応じて、変数x_3を生成します。

```
# 変数x3：0か1の値をnum_data個生成する
# (x1,x2)= (0,0)のとき、0の確率は0.2
# (x1,x2)= (1,0)のとき、0の確率は0.3
# (x1,x2)= (0,1)のとき、0の確率は0.4
# (x1,x2)= (1,1)のとき、0の確率は0.1

x3 = []
for i in range(num_data):
  if x1[i] == 0 and x2[i] == 0:
    x3_value = np.random.choice([0, 1], 1, p=[0.2, 0.8])
    x3.append(x3_value[0])  # x3はリストになっているので、0番目の要素を取り出して追加
  elif x1[i] == 0 and x2[i] == 1:
    x3_value = np.random.choice([0, 1], 1, p=[0.3, 0.7])
    x3.append(x3_value[0])
  elif x1[i] == 1 and x2[i] == 0:
    x3_value = np.random.choice([0, 1], 1, p=[0.4, 0.6])
    x3.append(x3_value[0])
  elif x1[i] == 1 and x2[i] == 1:
    x3_value = np.random.choice([0, 1], 1, p=[0.1, 0.9])
    x3.append(x3_value[0])

df["x3"] = x3

df  # 表示
```

　ここで、注意点です。ベイジアンネットワークのモデルmはDAGの形を規定し、変数間の因果の有無、因果の方向性は指定しますが、CPT（条件付き確率表）の具体的な確率値、例えば$P(x_1 = 0)$の値などは規定しません。このCPTの具体的な確率値は得られたデータから計算し、そして計算した確率値のもとでデータの対数尤度を$l_m(\theta_m|\boldsymbol{X})$として求めます。

　対数尤度とはその名の通り、尤度の対数表示です。本書では対数尤度の導出やその意味するところの詳細な解説は割愛します。本書のレベルでは「モデルを規定したときに、そのモデルにおける実測データの得られやすさに対応する値」とご理解ください。続いて、対数尤度をどのように計算するのか紹介します。

　CPT（条件付き確率表）の具体的な確率値を$\hat{\theta}_{i,j,k}$と表します。ここでiは変数iを示します。jは変数iの条件の、とあるパターンを示します。例えば今回の変数x_3であれば、4つのパターンが存在します。最後にkは変数iの値を示します。

　CPT（条件付き確率表）の具体的な確率値$\hat{\theta}_{i,j,k}$は

$$\hat{\theta}_{i,j,k} = \frac{N_{ijk}}{N_{ij}}$$

として、計算されます。ここで、N_{ijk}は変数iがとある条件パターンjで値kとなったデータ数です。N_{ij}は変数iがとある条件パターンjであったデータ数です（ただし、上記の計算式は、データが多項分布に従い、データの生成確率はすべてハイパーパラメータ0のディリクレ分布を仮定しています。詳細が気になる方は[1]をご覧ください）。

　変数x_1から順番に、正解のDAGの形、モデルmを与えて、表7.2.1のデータ$\boldsymbol{X}$に対する$\hat{\theta}_{i,j,k}$を計算してみます。

　変数x_1は条件付き確率ではないので、条件パターンjは存在しません。よって$\hat{\theta}_{1,[\ ],0}$は10個のデータから変数x_1が0の数を求めると4つであり、$N_{1[\ ]0} = 4$です。

$$\hat{\theta}_{1,[],0} = \frac{4}{10} = 0.4$$

となります。$\hat{\theta}_{1,[],0}$はすなわち、$P(x_1 = 0)$の推定値なので、$\hat{\theta}_{1,[],1}$は$1 - \hat{\theta}_{1,[],0}$となり、0.6と求まります。$P(x_1 = 0) = 0.4$と$P(x_1 = 1) = 0.6$が推定値で、真の答えは0.6と0.4だったので、正しい確率値が推定できていませんが、これはデータ数が10個と少ないためです。

　同様にして変数x_2の$\hat{\theta}_{2,[],0}$を求めると

$$\hat{\theta}_{2,[],0} = \frac{3}{10} = 0.3$$

となります。よって$\hat{\theta}_{2,[],1}$は0.7です。真の答えの0.4と0.6からは若干ズレていますが、まずまずの確率が推定されています。

　最後に変数x_3のCPT（条件付き確率表）を推定します。変数x_3は変数x_1と変数x_2から因果を持ち、その条件付き確率で表されるため、条件パターンjは$[0,0]$、$[0,1]$、$[1,0]$、$[1,1]$の4つとなります。$\hat{\theta}_{3,[0,0],0}$を求めると、$(x_1,x_2,x_3)=(0,0,0)$のデータが観測されておらず、$(x_1,x_2,x_3)=(0,0,1)$のデータは1つのため、

$$\hat{\theta}_{3,[0,0],0}=\frac{0}{1}=0.0$$

です。$\hat{\theta}_{3,[0,0],1}$は1.0となります。正解の0.2、0.8とは少しずれた推定結果です。

　同様に他のパターンも計算します。条件パターン$j=[0,1]$の場合は

$$\hat{\theta}_{3,[0,1],0}=\frac{1}{3}=0.33$$

となります。$\hat{\theta}_{3,[0,1],1}$は0.67です。$\hat{\theta}_{3,[1,0],0}$は

$$\hat{\theta}_{3,[1,0],0}=\frac{0}{2}=0$$

です。$\hat{\theta}_{3,[1,0],1}$は1.0となります。$\hat{\theta}_{3,[1,1],0}$は

$$\hat{\theta}_{3,[1,1],0}=\frac{0}{4}=0.0$$

です。$\hat{\theta}_{3,[1,1],1}$は1.0となります。

　以上で正解のDAGの構成mのもとでの、表7.2.1のデータ$\boldsymbol{X}$に対する$\hat{\theta}_{i,j,k}$をすべて計算することができました。最後に推定したCPT（条件付き確率表）を使用してデータ$\boldsymbol{X}$の対数尤度$l_m(\theta_m|\boldsymbol{X})$を求めます。ただし、$l_m(\theta_m|\boldsymbol{X})$そのものの値ではなく、$l_m(\theta_m|\boldsymbol{X})$に比例する値を計算します。正確な$l_m(\theta_m|\boldsymbol{X})$の値は計算が大変なため、代わりに比例する値を計算します（比例する値を計算するのですが、複数のDAGの妥当性を比較するうえでは比例値を比較することで問題ありません）。

　$l_m(\theta_m|\boldsymbol{X})$に比例する値は

$$l_m(\theta_m|\boldsymbol{X})\propto\sum_i\sum_j\sum_k(N_{ijk})\log\hat{\theta}_{i,j,k}$$

で計算されます。表7.2.1の場合は、

$$l_m(\theta_m|\boldsymbol{X})\propto 4\times\log 0.4+6\times\log 0.6+3\times\log 0.3+7\times\log 0.7+1\times\log 1.0+1\times\log 0.33$$
$$+2\times\log 0.67+2\times\log 1.0+4\times\log 1.0=-14.7$$

となります。

　最後にBICの計算に戻ると、

$$BIC_m=-2l_m(\theta_m|\boldsymbol{X})+k_m(\log N)$$

だったので、

$$BIC_m = -2 \times -14.7 + 6 \times (\log 10) = 43.3$$

となります。

　以上により、正解のDAG、すなわちとあるベイジアンネットワークmに対する、計測されたデータのBIC値を計算することができました。

　実際には正解のDAGの形mは不明なので、複数のDAGのBIC値を比較することになります。

　ここまで手計算でBICを求めましたが、実装時には、ベイジアンネットワークのライブラリを活用します。ベイジアンネットワークを扱えるPythonのライブラリはいくつか種類が存在しますが、本書ではpgmpy（Python library for Probabilistic Graphical Models）[2] を利用します。

　以下をJupyter Notebookのセルで実行して、pgmpyをインストールします。

```
!pip install pgmpy == 0.1.9
```

　ドキュメントページ[3] がバージョン0.1.9であるため、0.1.9を指定してインストールしています。

　そして正解のDAGを与えます。

```
# 正解のDAGを与える
from pgmpy.models import BayesianModel
model = BayesianModel([('x1', 'x3'), ('x2', 'x3')])  # x1 -> x3 <- x2
```

　続いて、CPT（条件付き確率表）を計算するベースとなる各パターンでのデータ数を描画、確認します（図7.2.2）。

```
# 各データパターンの個数を表示する
from pgmpy.estimators import ParameterEstimator
pe = ParameterEstimator(model, df)
print("\n", pe.state_counts('x1'))
print("\n", pe.state_counts('x2'))
print("\n", pe.state_counts('x3'))
```

（出力）

```
     x1
0    4
1    6

     x2
0    3
1    7

 x1    0         1
x2    0   1    0   1
x3
0   0.0  1.0  0.0  0.0
1   1.0  2.0  2.0  4.0
```

図7.2.2 pgmpyでの各パターンのデータ数の描画結果

次に、CPT（条件付き確率表）を推定します（図7.2.3）。

```
# CPT（条件付き確率表）を推定する
from pgmpy.estimators import BayesianEstimator

estimator = BayesianEstimator(model, df)

cpd_x1 = estimator.estimate_cpd(
    'x1', prior_type="dirichlet", pseudo_counts=[[0], [0]])
cpd_x2 = estimator.estimate_cpd(
    'x2', prior_type="dirichlet", pseudo_counts=[[0], [0]])
cpd_x3 = estimator.estimate_cpd('x3', prior_type="dirichlet", pseudo_counts=[
                                [0, 0, 0, 0], [0, 0, 0, 0]])
# 注意：pseudo_countsはハイパーパラメータ0のディリクレ分布の設定を与えています。

print(cpd_x1)
print(cpd_x2)
print(cpd_x3)
```

（出力）

```
+-------+-----+
| x1(0) | 0.4 |
+-------+-----+
| x1(1) | 0.6 |
+-------+-----+

+-------+-----+
| x2(0) | 0.3 |
+-------+-----+
| x2(1) | 0.7 |
+-------+-----+

+-------+-------+--------------------+-------+-------+
| x1    | x1(0) | x1(0)              | x1(1) | x1(1) |
+-------+-------+--------------------+-------+-------+
| x2    | x2(0) | x2(1)              | x2(0) | x2(1) |
+-------+-------+--------------------+-------+-------+
| x3(0) | 0.0   | 0.3333333333333333 | 0.0   | 0.0   |
+-------+-------+--------------------+-------+-------+
| x3(1) | 1.0   | 0.6666666666666666 | 1.0   | 1.0   |
+-------+-------+--------------------+-------+-------+
```

図7.2.3　pgmpy での CPT（条件付き確率表）の描画結果

　図7.2.3を見ると手計算で求めた結果と同じCPTが得られています。最後にBICを計算します。

```
# BICを求める
from pgmpy.estimators import BicScore
bic = BicScore(df)
print(bic.score(model))
```

（出力）

```
-21.65605747450808
```

　先ほど手計算したBICの値43.3と、pgmpy の出力値が異なっており、43.3ではなく-21.7になっています。これはpgmpy のBICの計算が、手計算した式

$$BIC_m = -2l_m\left(\theta_m|\boldsymbol{X}\right) + k_m(\log N)$$

ではなく、

$$BIC_m = l_m\left(\theta_m|\boldsymbol{X}\right) - 0.5 \times k_m(\log N) = -14.7 - 0.5 \times 6 \times (\log 10)$$

として計算されているためです[4]。手計算した式に-0.5がかけ算されています。BICの計算にもいくつか種類があり、手計算したものは基本的に良く使用されるもの、pgmpy の計算式も使用されます。そもそもBICでは、対数尤度の計算で比例した値を求め、その指標で比較するので、なんらかの値がかけ算されていても問題ありません（同じ計算手法で比較する限り）。

最後に正解ではないDAGでのBICを計算してみましょう。正解のDAGは変数x_3が変数x_1と変数x_2から因果を持つ構造でしたが、変数x_2から変数x_1, x_3に因果関係があるとします。

```python
# 正解ではないDAGを与える
from pgmpy.models import BayesianModel
model = BayesianModel([('x2', 'x1'), ('x2', 'x3')])  # x1 <- x2 -> x3
bic = BicScore(df)
print(bic.score(model))
```

（出力）

```
-21.425819218840655
```

先ほどの正解のDAGでのBICが-21.6であったのに対して、-21.4と大きな値になりました。ここで使用しているpgmpyのBICの定義では、より大きな値になるほど（負の方向に小さな値になるほど）良いモデルであるため、今回はたまたま正解ではないDAGの方が、値が良くなっています（データ数が少ないことが主たる原因と思われます）。

まとめ

本節ではベイジアンネットワークをDAGとして規定した際に、データに対する当てはまりの良さをBIC（Bayesian information criterion）で計算する手法について解説しました。さらに、ベイジアンネットワークを扱うライブラリとしてpgmpy（Python library for Probabilistic Graphical Models）を紹介し、pgmpyでのBICの計算を実装しました。

次節では、得られたデータから変数同士が因果関係にあるのか、それとも独立した関係にあるのかを求める手法について解説、実装します。

7-3　変数間の独立性の検定

　本節では観測したデータから、2つの変数の間に因果関係が存在しているのか、それとも独立な変数なのかを判定する手法について解説します。

　ただし、独立性を確かめる手法で、変数間の因果関係の有無は分かりますが、因果の方向性は分かりません。また2変数が独立でなかった場合に、直接的な因果関係にあるのか、別の変数を介した間接的な因果関係にあるのかは分かりません。

　しかしこの独立性の検定を繰り返して利用することで、どの変数間に因果関係があるのかを明らかにし、DAGを推定するベースとなるスケルトンを求めることができます。

　本節でははじめに独立性の検定のしくみを解説し、次に疑似データに対して独立性検定の実装、実施を行います。

本節の実装ファイル：

7_3_bayesian_network_independence_test.ipynb

独立性の検定

　変数間の**条件付きの独立性の検定**について解説します。

　ここで"条件"を C と表すことにします。条件 C は例えば、変数 $x_3 = 1$ などです。条件 C が存在しないケースも存在します。

　続いて独立性を検定したい変数を x_1 と x_2 とここでは設定します。

　すると、2変数間の条件付き独立関数は $CI(x_i, x_j | C)$ と表現され、上記の例の場合、$CI(x_1, x_2 | x_3 = 1)$ と記載されます。ここで CI は Conditional independence（条件付き独立）を意味します。

　この $CI(x_1, x_2 | x_3 = 1)$ の検定として、**独立性のカイ二乗検定**や**G^2テスト**（G-square test もしくは G 検定と呼びます）が使用されます（G^2テストの一部を近似すると、独立性のカイ二乗検定となります[6]）。

　本書では独立性のカイ二乗検定について解説します。

独立性のカイ二乗検定

統計検定なので、「帰無仮説を棄却できるかどうか？」を確かめることになります。統計検定は、「JSSC（一般財団法人 統計質保証推進協会）統計検定2級」のシラバス「仮説検定」[6]に該当するレベルの内容であり、少し高度な内容です。本書では統計検定について、初学者の方にも分かるざっくりしたレベル感で説明します。

統計検定では帰無仮説と呼ばれる仮説を検討します。独立性の検定の場合は、帰無仮説は「変数x_1と変数x_2は独立である」です。帰無仮説はH_0で表記されます（仮説を意味するHypothesisからHが来ています）。

統計検定ではこの帰無仮説を棄却できるか？、すなわち「変数x_1と変数x_2は独立である、って言いますが、今回のデータを見るとその仮説には無茶がありますよ〜」となれば、帰無仮説は棄却され、「変数x_1と変数x_2は独立ではない」と判定できます。

仮に帰無仮説が棄却できない場合は、「変数x_1と変数x_2は独立」と判定できるわけではなく、「変数x_1と変数x_2は独立なのか独立でないのかは判断できない」という判定になります。

それでは、どうすればこの「変数x_1と変数x_2は独立である、って言いますが、今回のデータを見るとその仮説には無茶がありますよ〜」という判断ができるのでしょうか。

ここで**カイ二乗統計量**と呼ばれる指標をデータから計算し、カイ二乗統計量の値が「変数x_1と変数x_2は独立である」と仮定した場合に比べて、著しく大きければ前提である独立という仮定がおかしかったということになります。すると最初に立てた帰無仮説が棄却できます。以上が独立性の統計検定のざっくりとした流れです。

今、表7.3.1のようなデータが得られていたとします。表7.3.1は独立性の検定をしたいデータXの各条件での頻度（各個数）となっています。今回は変数x_1と変数x_2は独立ではなく、因果関係にあるとします。

表7.3.1 独立性の検定をしたいデータXの頻度（度数分布表）

	変数$x_2 = 0$	変数$x_2 = 1$
変数$x_1 = 0$	58	0
変数$x_1 = 1$	9	33

以下の実装により、表7.3.1のデータを生成しています。

```
# データ数
num_data = 100

# x1：0か1の値をnum_data個生成、0の確率は0.6、1の確率は0.4
x1 = np.random.choice([0, 1], num_data, p=[0.6, 0.4])
```

```
# x2：0か1の値をnum_data個生成、0の確率は0.4、1の確率は0.6
x2 = np.random.choice([0, 1], num_data, p=[0.4, 0.6])

# x2はx1と因果関係にあるとする
x2 = x2*x1

# 2変数で表にする
df = pd.DataFrame({'x1': x1,
                   'x2': x2,
                   })

df.head()　# 先頭を表示


# 各カウント
print(((df["x1"] == 0) & (df["x2"] == 0)).sum())
print(((df["x1"] == 1) & (df["x2"] == 0)).sum())
print(((df["x1"] == 0) & (df["x2"] == 1)).sum())
print(((df["x1"] == 1) & (df["x2"] == 1)).sum())
```

（出力）

```
58
9
0
33
```

　　表7.3.1の変数x_1と変数x_2の分布表（度数分布表）からカイ二乗統計量を計算します。カイ二乗統計量は、

$$\chi^2 = \sum_{i=1}^{r} \sum_{j=1}^{c} \frac{(n_{ij} - E_{ij})^2}{E_{ij}}$$

で計算されます。ここで、rは度数分布表の行数、cは列数です。n_{ij}はi行目j列目の度数を示します。例えば表7.3.1の場合、$n_{11}=58$となります。E_{ij}はi行目j列目の推定期待度数です。

　　推定期待度数とは、変数x_1と変数x_2が独立であったとすればどの程度の値になるかを示し、

$$E_{ij} = \frac{n_i \times n_j}{N}$$

で計算されます。ここでn_iはi行目のデータの総数、n_jはj列目のデータの総数、Nは全データ数です。

154

表7.3.2に推定期待度数の表を示します。これは例えばE_{11}の推定期待度数は、

$$E_{11} = \frac{58 \times 67}{100} = 38.9$$

のように計算されます。

表7.3.2 推定期待度数（2変数が独立とした場合に期待される度数）

	変数$x_2 = 0$	変数$x_2 = 1$
変数$x_1 = 0$	38.9	19.1
変数$x_1 = 1$	28.1	13.9

表7.3.1の観測データの度数と、表7.3.2の推定期待度数より、カイ二乗統計量は

$$\chi^2 = \frac{(58-38.9)^2}{38.9} + \frac{(0-19.1)^2}{19.1} + \frac{(9-28.1)^2}{28.1} + \frac{(33-13.9)^2}{13.9} = 68.0$$

となります。

次にこのカイ二乗統計量と、変数x_1と変数x_2は独立である場合の値と比較します。

カイ二乗統計量は度数分布表の行数、列数で値が大きく変わるので、その点を調整してあげる必要があります。行数や列数が多いほどカイ二乗統計量の値も大きくなります。その調整のための考慮する量を**自由度**と呼びます。

自由度は度数分布表の行数r、列数cを利用して、$(r-1)(c-1)$と計算します。1を引くのは確率や度数は全体のデータ数が分かっていれば、最後の行や列の値は、その他の行と列から計算（1.0 - その他の総和）で計算できるからです。

表7.3.1の場合、自由度は$(2-1)(2-1)=1$です。

最後にこの自由度での変数x_1と変数x_2は独立である場合のカイ二乗統計量と比較して、今回のデータから得られたカイ二乗統計量が、どれくらい滅多にないことなのか？　を求めます。そのためにはカイ二乗分布表[7]と比べることになります。

カイ二乗分布表から、自由度1の変数x_1と変数x_2が独立である場合のカイ二乗統計量は50%の確率で0.455以下と分かります。同様に90%の確率で2.71以下、95%の確率で3.84以下と分かります。

どれくらい珍しいデータであれば、それは独立でない変数から生まれたと判定するのかは、有意確率pをあらかじめ決めておくことになります。一般的には$p=0.05$で、5%以下でしか発生しないようなデータが得られた場合は、初めに立てた帰無仮説、すなわち今回の場合は「変数x_1と変数x_2は独立である」に無理があったと判定し棄却して、2つの変数は関連している、因果の関係にあると判断します（本当は、独立ではないと絶対的には言えないのですが、独立ではないとして扱います）。

今回のデータから得られたカイ二乗統計量は68.0であり、自由度1のカイ二乗分布表は95%

の確率で3.84以下です。言い直すと、3.84以上の値をとるのは5%以下の珍しいケースです。今回$p = 0.05$を棄却の基準とした場合、5%以下でしか発生しない状況になっています。そのため、「変数x_1と変数x_2は独立である」という考えに無理があった、すなわち帰無仮説を棄却し、「変数x_1と変数x_2は独立ではない、関連しており、因果関係にある」と判定します。

条件付きの独立性のカイ二乗検定

条件付きの状況においても独立性のカイ二乗検定は同じ手順となります。独立性を検定したい2変数について、その条件のもとでの度数分布表を作成し、推定期待度数を求め、自由度を計算し、その自由度での変数x_1と変数x_2は独立である場合のカイ二乗統計量と比較して、帰無仮説（変数x_1と変数x_2は独立である）が棄却できるかを判定します。

pgmpyでの実装

本節の最後に、2変数が独立の場合に、7.2節で使用したpgmpy（Python library for Probabilistic Graphical Models）で独立性を検定します。

以下の実装コードでデータを作成します。変数x_1と変数x_2は独立である状況を作成しています。

```
# データ数
num_data = 100

# x1：0か1の値をnum_data個生成、0の確率は0.6、1の確率は0.4
x1 = np.random.choice([0, 1], num_data, p=[0.6, 0.4])

# x2：0か1の値をnum_data個生成、0の確率は0.4、1の確率は0.6
x2 = np.random.choice([0, 1], num_data, p=[0.4, 0.6])

# 2変数で表にする
df2 = pd.DataFrame({'x1': x1,
                    'x2': x2,
                    })

# 各カウント
print((((df2["x1"] == 0) & (df2["x2"] == 0)).sum())
print((((df2["x1"] == 1) & (df2["x2"] == 0)).sum())
print((((df2["x1"] == 0) & (df2["x2"] == 1)).sum())
print((((df2["x1"] == 1) & (df2["x2"] == 1)).sum())
```

　独立性の検定を実施します。なお本節の最初で使用したデータ（因果関係があり、独立でないバージョン）にも、検定を実施してみましょう。

```python
from pgmpy.estimators import ConstraintBasedEstimator

est = ConstraintBasedEstimator(df2)
print(est.test_conditional_independence(
    'x1', 'x2', method="chi_square", tol=0.05))  # 独立

# 最初の例の場合
est = ConstraintBasedEstimator(df)
print(est.test_conditional_independence(
    'x1', 'x2', method="chi_square", tol=0.05))   # 独立でない
```

（出力）
```
True
False
```

　出力はTrue、Falseとなり、今回新たに独立なデータを作成したケースでは独立と判定され、本節の最初から使用してきた独立でないデータでは、Falseとして独立とは言えないと正しく判定されました。

まとめ

　本節では、データが得られたときに2つの変数の関係性が独立で因果関係にないのか、それとも独立とはいえないのかを検定する手法を解説しました。

　本書では、カイ二乗統計量を用いた独立性のカイ二乗検定を解説し、手計算をしてみたのちに、pgmpyでの実装、実施を行いました。

　このように変数間の独立性を検討することで、2変数に因果関係があるのかどうかを調べることができ、因果探索に役立てることができます。

　本節では具体的に、「条件付きの独立性の検定」のあと、DAGのベースとなるスケルトンを求める方法については取り扱いませんでした。この内容については7.5節で解説、実装します。

　次節ではベイジアンネットワークを探索手法として、3種類の方法を解説します。

7-4 3タイプのベイジアンネットワークの探索手法

本節では観測したデータから、ベイジアンネットワークのDAGを推定する手法について解説します。ベイジアンネットワークの探索手法は大きく3つのタイプに分けられます。本節では各タイプについて概要と代表的なアルゴリズムを解説します。

3タイプのベイジアンネットワーク探索

3タイプのネットワーク探索手法とは、以下の通りです。

① スコアリングによる構造学習（Score-based Structure Learning）
② 条件付き独立性検定による構造学習（Constraint-based Structure Learning）
③ ベイジアンスコアと条件付き独立性検定のハイブリッド型構造学習（Hybrid Structure Learning）

①スコアリングによる構造学習とは、7.2節で解説した、観測データに対するネットワークの当てはまりの良さを示すAIC、BIC、MDL符号、BDe、BDeu、K2などのベイジアンスコアのいずれかを使用し、様々なDAGに対してスコアを求め、最も指標値の良いDAGを選ぶ手法です。

スコアリングによる構造学習は、手法がシンプルという利点がある一方で、扱うデータの変数が多くなればなるほどDAGのパターンが爆発的に増加するため、それらすべてのベイジアンスコアを計算することが現実的には難しくなるという欠点があります。

そのため全パターンのDAGを比較するのではなく、厳密性を犠牲にして計算量を減らす手法なども提案されています（具体的には動的計画法や幅優先分岐限定法、A^*ヒューリスティック探索などが存在します。各手法の詳細が気になる方は [5] をご覧ください）。

②条件付き独立性検定による構造学習とは、7.3節で解説した変数間の独立性の検定を各条件付きパターンで繰り返し、スケルトン構造を同定します。その後、スケルトン構造をルールベースで部分的に方向付けをしていき、PDAG（Partially DAG）を作ります。この方向付けのルールは**オリエンテーションルール**と呼ばれます。オリエンテーションルールの内容については7.5節で解説します。オリエンテーションルールによる方向付けとPDAGの構築を繰り返すことで、DAGを推定します。

条件付き独立性検定による構造学習の代表的なアルゴリズムとしては**PCアルゴリズム**[8]が使用されます（Peter Spirtes と Clark Glymour が提唱したので2人の頭文字からPCアルゴリズムと呼ばれます）。7.5節ではこのPCアルゴリズムを実装します。

③ハイブリッド型構造学習とは、スコアリングによる構造学習と条件付き独立性検定による構造学習とを組み合わせた手法です。代表的な手法としては**MMHCアルゴリズム**（Max-Min Hill Climbing algorithm）が使用されます。これはPCアルゴリズムなどの条件付き独立性検定による構造学習でも、計算量が多いので、もっと効率よく因果探索するための手法です。

例えばMMHCでは、はじめにターゲットとなるノード変数を1つ設定します。これは因果探索時に最も着目する変数を選びます。そしてそのターゲット変数（ノード）を中心とした隣接するベイジアンネットワークを求めます。

その後、ターゲットノードを中心に構築されたベイジアンネットワークに現れた変数（ノード）を、次のターゲットに置き換えて、それらに隣接するベイジアンネットワークを構築します。これを繰り返すことで徐々に構築するネットワークを拡大させていきます。

はじめにターゲットノードを決めることで、条件付き独立性検定の回数が減り、計算量を抑えることができます。

ではどのようにしてターゲットノードを中心に隣接するベイジアンネットワークを求めるかですが、Max-Min ヒューリスティックと呼ばれる手法を使用します。ターゲットノード変数と、各変数との条件付き独立性検定を実施し、最も関連度が高い（Max）ノードを1つ加えます。そして、基準より独立性が高い（すなわち関連度が低い）ノードは周辺ネットワークの候補から除外します。

次にターゲットノードと上記で追加したMaxノードの2変数を条件に、条件付き独立性検定を実施し、そこで最も関連度が高い（Max）なノードを1つ加えます。そして、基準より独立性が高い（すなわち関連度が低い）ノードは周辺ネットワークの候補から除外します。この操作を繰り返すことで、ターゲットノード周辺のベイジアンネットワークのスケルトンを求め、その後、そのスケルトンに対してルールベースで方向付けを実施したり、①スコアリングによる構造学習を実施したりして、DAGを求める、という手順になります。

MMHCアルゴリズムやその発展版手法について、さらなる詳細が気になる方は[5]をご覧ください。

まとめ

　本節ではベイジアンネットワークの探索手法として3つのタイプが存在することを解説しました。本書では紙面の都合上、各タイプの様々なアルゴリズムやその具体的手続きを丁寧に解説することは難しいので、詳細が気になる方はぜひベイジアンネットワークの専門書籍にも挑戦してみてください。

　次節では、②条件付き独立性検定による構造学習である、PCアルゴリズムをベースにした因果探索を実装します。データには、第5章でも使用した「上司向け：部下とのキャリア面談のポイント研修」を少し複雑にした疑似データを生成して使用します。

7-5 PCアルゴリズムによる ベイジアンネットワーク探索の実装

　本節では7.4節で解説した、②条件付き独立性検定による構造学習である、PCアルゴリズムによる因果探索を実装します。

　はじめに本節で使用する疑似データについて、その生成部分を実装、解説します。第5章でも使用した「上司向け：部下とのキャリア面談のポイント研修」を少し複雑にした疑似データを生成して使用します。

　本節で生成するデータは連続値をとるので、離散変数を扱うベイジアンネットワーク手法でも取り扱えるように、連続値をビンで区切り、離散変数へ変換してDAGを推定します。

本節の実装ファイル：

```
7_5_bayesian_network_pc_algorithm_20220421.ipynb
```

疑似データ「上司向け：部下とのキャリア面談のポイント研修」の生成

　疑似データとして、第5章でも使用した「上司向け：部下とのキャリア面談のポイント研修」を少し複雑にしたデータを作成します。データの構造は図7.5.1の通りです。

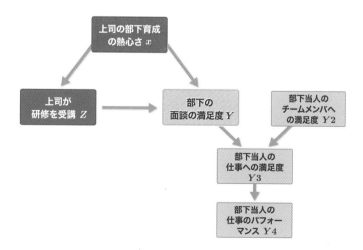

図7.5.1　第7章「上司向け：部下とのキャリア面談のポイント研修」の因果ダイアグラム

　　図7.5.1の各変数を紹介します。これまでの章と同じく、「上司の部下育成の熱心さx」、「上司がキャリア面談のポイント研修を受講したかどうかZ」、「部下の面談の満足度Y」を用意します。本章では研修の受講による効果は、第5章で使用した非線形な効果とします。

　　ここまでは第5章とまったく同じデータですが、本章ではさらに3つの変数を追加します。1つ目は「部下当人のチームメンバへの満足度$Y2$」です。これは1から5の5段階で部下当人が入力すると仮定します。2つ目は「部下当人の仕事への満足度$Y3$」です。変数$Y3$も部下当人が入力すると仮定します。ただし仕事への満足度はYと$Y2$から因果を持っており、この2変数から計算されているという前提を置いて、プログラムの実装では計算式で求めます。

　　ここで注意点があります。部下当人にとって「仕事への満足度」は、「上司とのキャリア面談の満足度Y」と「チームメンバに対する満足度$Y2$」からだけで決まることはなく、実際にはもっとたくさんの要因がからんでくるでしょう。例えば、仕事内容そのものや、自身の成長実感などです。図7.5.1の因果ダイアグラムではそうしたその他の要因はすべてノイズとして、「部下当人の仕事への満足度$Y3$」に加わるということを前提とします。またそのノイズは図7.5.1のその他の要因に加わるノイズとは独立であるという前提があります。図7.5.1にはそのような前提がある点に注意ください。

　　最後に3つ目の追加変数は「部下当人の仕事のパフォーマンス$Y4$」です。これは、「部下当人の仕事への満足度$Y3$」と、他の要因を考慮したノイズ成分から計算されるとします。具体的な計算式は後ほど実装コードで解説します。

　　それでは図7.5.1の因果ダイアグラムに沿ったデータ生成を実装します。まずは第5章と同じ内容部分、変数x、Z、Y、を生成します。本節ではデータ数を増やし、2,000個にしています。

```python
# データ数
num_data = 2000

# 部下育成への熱心さ
x = np.random.uniform(low=-1, high=1, size=num_data)  # -1から1の一様乱数

# 上司が「上司向け：部下とのキャリア面談のポイント研修」に参加したかどうか
e_z = randn(num_data)  # ノイズの生成
z_prob = expit(5.0*x+5*e_z)
Z = np.array([])

# 上司が「上司向け：部下とのキャリア面談のポイント研修」に参加したかどうか
for i in range(num_data):
    Z_i = np.random.choice(2, size=1, p=[1-z_prob[i], z_prob[i]])[0]
    Z = np.append(Z, Z_i)

# 介入効果の非線形性：部下育成の熱心さ x の値に応じて段階的に変化
```

```
t = np.zeros(num_data)
for i in range(num_data):
    if x[i] < 0:
        t[i] = 0.5
    elif x[i] >= 0 and x[i] < 0.5:
        t[i] = 0.7
    elif x[i] >= 0.5:
        t[i] = 1.0

e_y = randn(num_data)
Y = 2.0 + t*Z + 0.3*x + 0.2*e_y
```

続いて、本章で追加した変数$Y2$、$Y3$、$Y4$、を生成します。例えば「部下当人の仕事のパフォーマンス$Y4$」は、「部下当人の仕事への満足度$Y3$」から因果を持ち、

$$Y4 = 3 \times Y3 + 5 + noise$$

として計算されることにします。

```
# 本章からの追加データを生成

# Y2：部下当人のチームメンバへの満足度 1から5の5段階
Y2 = np.random.choice([1.0, 2.0, 3.0, 4.0, 5.0],
                        num_data, p=[0.1, 0.2, 0.3, 0.2, 0.2])

# Y3：部下当人の仕事への満足度
e_y3 = randn(num_data)
Y3 = 4*Y + Y2 + e_y3

# Y4：部下当人の仕事のパフォーマンス
e_y4 = randn(num_data)
Y4 = 3*Y3 + 5 + 2*e_y4
```

生成したデータをまとめ、確認します。

```
df = pd.DataFrame({'x': x,
                   'Z': Z,
                   't': t,
                   'Y': Y,
                   'Y2': Y2,
                   'Y3': Y3,
                   'Y4': Y4,
```

```
                })

df.head()   # 先頭を表示
```

（出力）

	x	Z	t	Y	Y2	Y3	Y4
0	-0.616961	1.0	0.5	2.286924	2.0	8.732544	30.326507
1	0.244218	1.0	0.7	2.864636	3.0	10.743959	37.149014
2	-0.124545	0.0	0.5	2.198515	3.0	10.569163	38.481185
3	0.570717	1.0	1.0	3.230572	3.0	12.312526	43.709229
4	0.559952	0.0	1.0	2.459267	5.0	12.418739	40.833938

　以上により、本節で使用する、拡張した「上司向け：部下とのキャリア面談のポイント研修」データの生成が実装できました。

データの離散化

　本節では7.4節で解説したベイジアンネットワークのPCアルゴリズムを用いて因果探索を実装します。そのため連続値のデータが扱えないので、離散値へと変換します。

　データの離散化にはpandasのcut関数を使用します。これによりビンに区切ることができます。このpandasにはcutとqcutの2つの関数があり、cutは離散化の基準となる閾値を等分します。一方でqcutの場合には離散化されたデータ数がビンごとに同数になるように閾値が決定されます。

　区切るビンの数が多い方が、より正確なベイジアンネットワーク、DAGを推定できます。しかし、その分たくさんのデータが必要となります。データ数に応じて、区切るビン数を変更します。

　データの離散化の例を以下に実装します。

```
# ビン区切りの例
# cutを使用すると閾値で区切れる
# qcutを使用すると同じデータ数になるように区切る
s_qcut, bins = pd.cut(df["Y"], 5, labels=[1, 2, 3, 4, 5], retbins=True)

print(s_qcut)
print("=======")
print(bins)
```

（出力）

```
     0      2
     1      4
     2      2
     3      5
     4      3
           ..
  1995      2
  1996      2
  1997      2
  1998      2
  1999      2
Name: Y, Length: 2000, dtype: category
Categories (5, int64): [1 < 2 < 3 < 4 < 5]
=======
[1.532537   1.92223596 2.30999611 2.69775627 3.08551643 3.47327659]
```

　実装コードにおいて、引数の retbins を True に設定することで、区切りの閾値を獲得できます。上記実装では変数 bins に格納され、bins の出力を見ると、離散化された値が 1 であれば元の値は 1.53 〜 1.92 の間にあったことが分かります。

　同様にして、今回のデータを離散値へと変換します。実装は次の通りです。今回は cut を使用し、1 から 5 の 5 段階で連続値を離散化します。

```python
# データを区切る
df_bin = df.copy()  # コピーしてビン区切りデータを入れる変数を作成
del df_bin["t"]  # 変数 t は観測できないので削除

# x：部下育成への熱心さ
df_bin["x"], x_bins = pd.cut(df["x"], 5, labels=[1, 2, 3, 4, 5], retbins=True)

# Z：上司が「上司向け：部下とのキャリア面談のポイント研修」に参加したかどうか
# ※qcut ではなく、cut で値に応じて分割
df_bin["Z"], z_bins = pd.cut(df["Z"], 2, labels=[0, 1], retbins=True)

# Y：部下の面談の満足度
df_bin["Y"], y_bins = pd.cut(df["Y"], 5, labels=[1, 2, 3, 4, 5], retbins=True)

# Y2：部下当人のチームメンバへの満足度 1 から 5 の 5 段階
# # ※qcut ではなく、cut で値に応じて分割
df_bin["Y2"], y2_bins = pd.cut(
    df["Y2"], 5, labels=[1, 2, 3, 4, 5], retbins=True)

# Y3：部下当人の仕事への満足度
df_bin["Y3"], y3_bins = pd.cut(
    df["Y3"], 5, labels=[1, 2, 3, 4, 5], retbins=True)
```

```
# Y4：部下当人の仕事のパフォーマンス
df_bin["Y4"], y4_bins = pd.cut(
    df["Y4"], 5, labels=[1, 2, 3, 4, 5], retbins=True)

# 確認
df_bin.head()
```

（出力）

```
   x  Z  Y  Y2  Y3  Y4
0  1  0  2   2   2   2
1  4  1  4   3   3   3
2  3  0  3   3   3   3
3  4  1  5   3   4   4
4  4  1  5   5   5   5
```

PCアルゴリズムによる因果探索　その1：0次の独立性

　それではここからPCアルゴリズムによる因果探索に入ります。PCアルゴリズムは3タイプあるベイジアンネットワークの探索手法のうち、2番目の**条件付き独立性検定による構造学習**でした。本節では実装しながらPCアルゴリズムの具体的な手順を解説します。

　はじめに「0次の独立性の検定」を実施します。0次の独立性とは、2つの変数間にとある変数0個を条件付きにした際の独立性の検定です。つまり、条件なし時の変数間での独立性の検定となります。独立性の検定には様々な手法が使えますが、今回は7.3節で解説した**独立性のカイ二乗検定**を利用することにします。

　実装にあたり、pgmpy（Python library for Probabilistic Graphical Models）をインストールしておきます。

```
!pip install pgmpy==0.1.9
```

　今回変数は、x、Z、Y、$Y2$、$Y3$、$Y4$、の6個なので、$6 \times 5 \div 2 = 15$ で、15ペアの検定を実施します。もっと効率の良く行数の少ない実装方法もあるのですが、今回は分かりやすさを重視し、愚直に実装します。

```
from pgmpy.estimators import ConstraintBasedEstimator

est = ConstraintBasedEstimator(df_bin)
```

```
# 0次の独立性の検定
print(est.test_conditional_independence(
    'x', 'Z', method="chi_square", tol=0.05))
print(est.test_conditional_independence(
    'x', 'Y', method="chi_square", tol=0.05))
print(est.test_conditional_independence(
    'x', 'Y2', method="chi_square", tol=0.05))
print(est.test_conditional_independence(
    'x', 'Y3', method="chi_square", tol=0.05))
print(est.test_conditional_independence(
    'x', 'Y4', method="chi_square", tol=0.05))
print("=====")
print(est.test_conditional_independence(
    'Z', 'Y', method="chi_square", tol=0.05))
print(est.test_conditional_independence(
    'Z', 'Y2', method="chi_square", tol=0.05))
print(est.test_conditional_independence(
    'Z', 'Y3', method="chi_square", tol=0.05))
print(est.test_conditional_independence(
    'Z', 'Y4', method="chi_square", tol=0.05))
print("=====")
print(est.test_conditional_independence(
    'Y', 'Y2', method="chi_square", tol=0.05))
print(est.test_conditional_independence(
    'Y', 'Y3', method="chi_square", tol=0.05))
print(est.test_conditional_independence(
    'Y', 'Y4', method="chi_square", tol=0.05))
print("=====")
print(est.test_conditional_independence(
    'Y2', 'Y3', method="chi_square", tol=0.05))
print(est.test_conditional_independence(
    'Y2', 'Y4', method="chi_square", tol=0.05))
print("=====")
print(est.test_conditional_independence(
    'Y3', 'Y4', method="chi_square", tol=0.05))
print("=====")
```

（出力）

```
False
False
True
False
False
=====
False
```

```
True
False
False
=====
True
False
False
=====
False
False
=====
False
=====
```

　「0次の独立性の検定」を実施した結果、独立であった変数ペア、独立とは判断できない（今回は関連あるとする）変数ペアが明らかになりました。結果を図7.5.2にまとめます。

　図7.5.2の左側の表を見ると、変数xと変数$Y2$は独立と判定されました。そのため、図7.5.2の右側のベイジアンネットワークにおいて、変数xと変数$Y2$を結ぶエッジ（辺）は削除されます。一方で変数xとその他の変数の独立性は確認できなかったため、変数xとその他の変数の間のエッジが描かれています。変数xだけでなく、他の変数も同様に、独立性の検定結果からエッジを描きます。

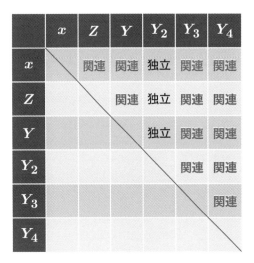
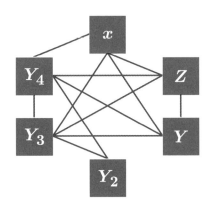

図7.5.2　「0次の独立性の検定」の実施結果

PCアルゴリズムによる因果探索　その2：1次の独立性

　続いて「1次の独立性検定」を実施します。1次の独立性とは、2つの変数間にとある変数1個を条件付きにした際の独立性の検定です。条件付きにする変数は対象とする変数と関連があったものから選びます。

　例えば変数xであれば0次の検定で4つの変数と関連しているので、確認する独立性は、$CI(x, Z|Y)$、$CI(x, Z|Y3)$、$CI(x, Z|Y4)$、$CI(x,Y|Z)$、$CI(x,Y|Y3)$、$CI(x,Y|Y4)$、$CI(x,Y3|Z)$、$CI(x,Y3|Y)$、$CI(x,Y3|Y4)$、$CI(x,Y4|Z)$、$CI(x,Y4|Y)$、$CI(x,Y4|Y3)$、と4×3の12個を確認することになります。

　実装は次の通りです。こちらも愚直に実装してみます。

```
# 1次の独立性の検定 変数x
print(est.test_conditional_independence(
    'x', 'Z', ['Y'], method="chi_square", tol=0.05))
print(est.test_conditional_independence(
    'x', 'Z', ['Y3'], method="chi_square", tol=0.05))
print(est.test_conditional_independence(
    'x', 'Z', ['Y4'], method="chi_square", tol=0.05))

print(est.test_conditional_independence(
    'x', 'Y', ['Z'], method="chi_square", tol=0.05))
print(est.test_conditional_independence(
    'x', 'Y', ['Y3'], method="chi_square", tol=0.05))
print(est.test_conditional_independence(
    'x', 'Y', ['Y4'], method="chi_square", tol=0.05))

print(est.test_conditional_independence(
    'x', 'Y3', ['Z'], method="chi_square", tol=0.05))
print(est.test_conditional_independence(
    'x', 'Y3', ['Y'], method="chi_square", tol=0.05))
print(est.test_conditional_independence(
    'x', 'Y3', ['Y4'], method="chi_square", tol=0.05))

print(est.test_conditional_independence(
    'x', 'Y4', ['Z'], method="chi_square", tol=0.05))
print(est.test_conditional_independence(
    'x', 'Y4', ['Y'], method="chi_square", tol=0.05))
print(est.test_conditional_independence(
    'x', 'Y4', ['Y3'], method="chi_square", tol=0.05))
```

（出力）

```
False
False
False
False
False
False
False
True
False
True
True
True
```

　実装した結果True（すなわち、独立）と判定されたのは、$CI(x,Y3|Y)$、$CI(x,Y3|Y4)$、CI $(x,Y4|Y)$、$CI(x,Y4|Y3)$ です。

　例えば $CI(x,Y3|Y)$ が独立と判定されたので、変数 x と変数 Y が関連していれば（エッジでつながれていれば）、変数 x と変数 $Y3$ は独立となります。よって、変数 x と変数 Y をつなぐエッジを残し、変数 x と変数 $Y3$ をつなぐエッジは消去されます。

　同様に変数 x と変数 $Y4$ をつなぐエッジも消去されます。変数 x に関する「1次の独立性検定」の結果を図7.5.3に示します。

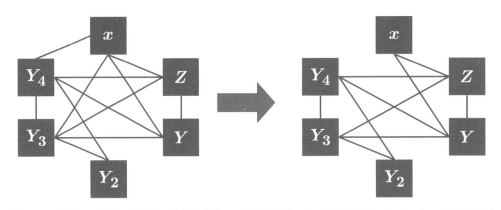

図7.5.3　変数 x に関する「1次の独立性検定」の結果（変数 x と変数 $Y3$、$Y4$ をつなぐエッジを消去）

　続いて変数 Z について「1次の独立性検定」を実施します。変数 Z は、変数 x、Y、$Y3$、$Y4$、と4つの変数とつながっているので、4×3の12ペアを確認します。

```
# 1次の独立性の検定 変数Z
print(est.test_conditional_independence(
    'Z', 'x', ['Y'], method="chi_square", tol=0.05))
print(est.test_conditional_independence(
    'Z', 'x', ['Y3'], method="chi_square", tol=0.05))
print(est.test_conditional_independence(
    'Z', 'x', ['Y4'], method="chi_square", tol=0.05))

print(est.test_conditional_independence(
    'Z', 'Y', ['x'], method="chi_square", tol=0.05))
print(est.test_conditional_independence(
    'Z', 'Y', ['Y3'], method="chi_square", tol=0.05))
print(est.test_conditional_independence(
    'Z', 'Y', ['Y4'], method="chi_square", tol=0.05))

print(est.test_conditional_independence(
    'Z', 'Y3', ['x'], method="chi_square", tol=0.05))
print(est.test_conditional_independence(
    'Z', 'Y3', ['Y'], method="chi_square", tol=0.05))
print(est.test_conditional_independence(
    'Z', 'Y3', ['Y4'], method="chi_square", tol=0.05))

print(est.test_conditional_independence(
    'Z', 'Y4', ['x'], method="chi_square", tol=0.05))
print(est.test_conditional_independence(
    'Z', 'Y4', ['Y'], method="chi_square", tol=0.05))
print(est.test_conditional_independence(
    'Z', 'Y4', ['Y3'], method="chi_square", tol=0.05))
```

（出力）

```
False
False
False
False
False
False
False
True
False
False
True
True
```

独立性検定の結果、Trueと判定されたのは、$CI(Z, Y3|x)$、$CI(Z, Y4|Y)$、$CI(Z, Y4|Y3)$の3つです。よって、変数Zと$Y3$および$Y4$をつなぐエッジを消去します（図7.5.4）。

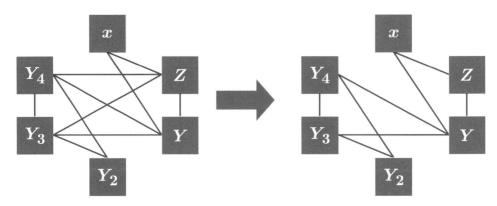

図7.5.4 変数Zに関する「1次の独立性検定」の結果（変数Zと$Y3$および$Y4$をつなぐエッジを消去）

次に同様に変数Yについて「1次の独立性検定」を実施します。いま変数Yは変数x、Z、$Y3$、$Y4$とつながっているので、4×3の12回、検定します。

```
# 1次の独立性の検定 変数Y
print(est.test_conditional_independence(
    'Y', 'x', ['Z'], method="chi_square", tol=0.05))
print(est.test_conditional_independence(
    'Y', 'x', ['Y3'], method="chi_square", tol=0.05))
print(est.test_conditional_independence(
    'Y', 'x', ['Y4'], method="chi_square", tol=0.05))

print(est.test_conditional_independence(
    'Y', 'Z', ['x'], method="chi_square", tol=0.05))
print(est.test_conditional_independence(
    'Y', 'Z', ['Y3'], method="chi_square", tol=0.05))
print(est.test_conditional_independence(
    'Y', 'Z', ['Y4'], method="chi_square", tol=0.05))

print(est.test_conditional_independence(
    'Y', 'Y3', ['x'], method="chi_square", tol=0.05))
print(est.test_conditional_independence(
    'Y', 'Y3', ['Z'], method="chi_square", tol=0.05))
print(est.test_conditional_independence(
    'Y', 'Y3', ['Y4'], method="chi_square", tol=0.05))

print(est.test_conditional_independence(
```

```
    'Y', 'Y4', ['x'], method="chi_square", tol=0.05))
print(est.test_conditional_independence(
    'Y', 'Y4', ['Z'], method="chi_square", tol=0.05))
print(est.test_conditional_independence(
    'Y', 'Y4', ['Y3'], method="chi_square", tol=0.05))
```

（出力）

```
False
False
False
False
False
False
False
False
False
False
False
True
```

　変数 Y について検定した結果、$CI(Y,Y4|Y3)$ が True と判定されました。そのため、Y と $Y4$ の間のエッジは消えます。

　次に変数 $Y2$ について、「1次の独立性検定」を実施します。変数 $Y2$ は変数 $Y4$、$Y3$ とつながっているので、2×1 の2回の検定を実施します。

```
# 1次の独立性の検定 変数Y2
print(est.test_conditional_independence(
    'Y2', 'Y3', ['Y4'], method="chi_square", tol=0.05))
print(est.test_conditional_independence(
    'Y2', 'Y4', ['Y3'], method="chi_square", tol=0.05))
```

（出力）

```
False
True
```

173

変数$Y2$について検定した結果、$CI(Y2, Y4|Y3)$ が独立と判定されました。すなわち、変数$Y2$と$Y3$の関連があれば、変数$Y2$と変数$Y4$は独立となるため、変数$Y2$と$Y4$の間のエッジを削除します（図7.5.5）。

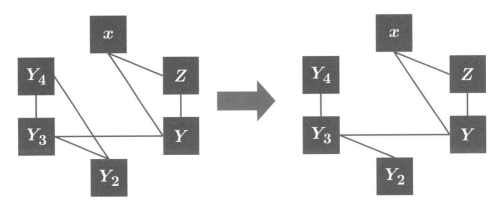

図7.5.5　変数$Y2$に関する「1次の独立性検定」の結果（変数$Y2$と$Y4$の間のエッジを消去）

最後に変数$Y3$について「1次の独立性検定」を確認しておきます。変数$Y3$は変数Y、$Y2$、$Y4$とつながっているので、3×2の6回の検定を実施します。

```
# 1次の独立性の検定　変数Y3
print(est.test_conditional_independence(
    'Y3', 'Y', ['Y2'], method="chi_square", tol=0.05))
print(est.test_conditional_independence(
    'Y3', 'Y', ['Y4'], method="chi_square", tol=0.05))

print(est.test_conditional_independence(
    'Y3', 'Y2', ['Y'], method="chi_square", tol=0.05))
print(est.test_conditional_independence(
    'Y3', 'Y2', ['Y4'], method="chi_square", tol=0.05))

print(est.test_conditional_independence(
    'Y3', 'Y4', ['Y'], method="chi_square", tol=0.05))
print(est.test_conditional_independence(
    'Y3', 'Y4', ['Y2'], method="chi_square", tol=0.05))
```

（出力）

```
False
False
False
```

```
False
False
False
```

　変数$Y3$については1次の条件付きでこれ以上に独立になる部分はありませんでした。変数$Y4$については、変数$Y3$としかエッジがつながっていないため、「1次の独立性検定」は行いません。

　以上で、「1次の独立性検定」が完了しました。

PCアルゴリズムによる因果探索　その3：2次の独立性

　続いて「2次の独立性検定」を実施します。2次の独立性とは、2つの変数間にとある変数2個を条件付きにした際の独立性の検定です。条件付きにする変数は対象とする変数と関連があったものから選びます。

　現在、3変数以上との関連があるのは変数Y、$Y3$です。例えば変数Yは変数x、Z、$Y3$の3変数と関連しています。これらについて、$CI(Y, x \mid Z, Y3)$のように2変数で条件付けして、独立性を検定していきます。

　変数Y、$Y3$に「2次の独立性検定」を実施した結果、いずれも独立性は認められませんでした。

　続いて3次の独立性検定を実施するかですが、そのためには、4変数以上とつながっている変数が対象となります。そのため、今回の疑似データの場合は独立性の検定はここで終了ですが、ネットワークの状況によっては、さらに高次の独立性の検定まで実施していきます。最終的に求まった結果を図7.5.6に示します。

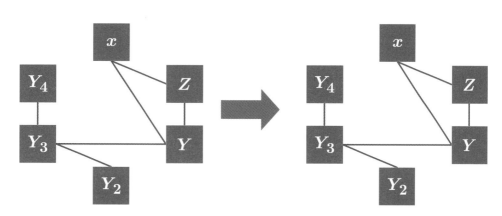

図7.5.6　「2次の独立性検定」の結果（変化なし）

オリエンテーションルールによる方向付け　その1

　条件付き独立性の検定を繰り返すことでDAGのベースとなるスケルトンが構築されました。ここからはオリエンテーションフェーズとなります。

　オリエンテーションフェーズではオリエンテーションルールに従い、部分的に因果の方向性を定めていき、スケルトンをPDAGへと変換していきます。

オリエンテーションフェーズは2段階に分かれます。

　第1段階ではv構造になっている部分に対して方向付けを行います。例えば、$A—B—C$という関係性の場合、図7.5.7のように4通りの方向付けが考えられます。この4通りから因果関係を絞りたいので、$CI(A,C|B)$を検定します。もし変数Bが与えられたもとで変数AとCは独立と判定されなかったならば、それは図7.5.7のパターン1のみです。その他の3パターンの場合、変数Bが分かっていれば、変数AとCは分離され、$CI(A,C|B)$は独立と判定されます（その他の3パターンにおいて、変数AとCは変数Bを介した間接的な因果関係です）。

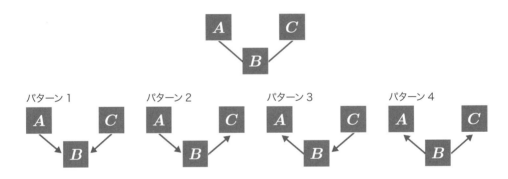

ここで、$CI(A,C|B)$、が独立と判定されないのは、パターン1のみ

図7.5.7　v字構造のオリエンテーションルール

　図7.5.8の左側に現在のスケルトンを記載します。ここでv字構造は、$x—Y—Y3$、$Z—Y—Y3$、$Y—Y3—Y2$、$Y2—Y3—Y4$、の4通りが存在します。これらについて独立性の検定を実施します。

　実装は次の通りです。

```
# オリエンテーションフェーズ1での方向付け
# x-Y-Y3
print(est.test_conditional_independence(
    'x', 'Y3', ['Y'], method="chi_square", tol=0.05))

# Z-Y-Y3
print(est.test_conditional_independence(
    'Z', 'Y3', ['Y'], method="chi_square", tol=0.05))

# Y-Y3-Y2
print(est.test_conditional_independence(
    'Y', 'Y2', ['Y3'], method="chi_square", tol=0.05))

# Y2-Y3-Y4
print(est.test_conditional_independence(
    'Y2', 'Y4', ['Y3'], method="chi_square", tol=0.05))

# Y -> Y3 <- Y2 だけ決まる
```

（出力）

```
True
True
False
True
```

　結果、独立性が否定されたのは、$Y—Y3—Y2$、の v 字構造のみでした。よって、この部分は方向付け、$Y \to Y3 \leftarrow Y2$という因果関係が明らかとなります。この結果を図7.5.8の右側に記載します。

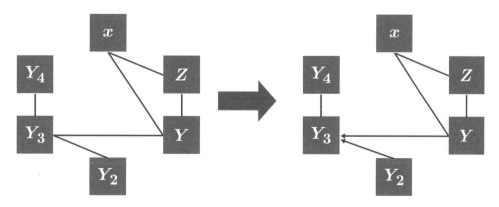

図7.5.8　オリエンテーションフェーズ1の結果（v字構造の方向付け）

オリエンテーションルールによる方向付け　その2

　続いて、図7.5.9のオリエンテーションルールに従い、方向付けを実施します。図7.5.9において、上側のようなPDAGの場合は、下側のように因果の矢印が引かれます。このようなオリエンテーションルールが成り立つ理由については本書では踏み入りませんので、詳細が気になる方はPCアルゴリズムの原著などをご覧ください [8]。

　図7.5.9のオリエンテーションルールの一番左の構造を利用すると、$Y4$―$Y3$←$Y2$ の PDAG は、$Y4$←$Y3$←$Y2$、と方向付けできます（図7.5.10）。

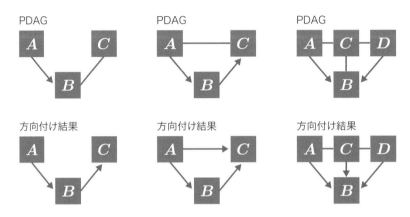

図7.5.9　オリエンテーションルール

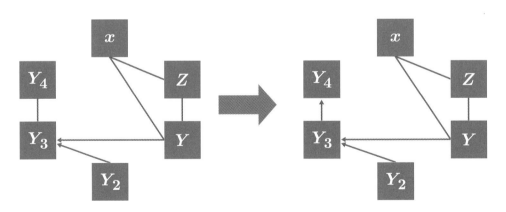

図7.5.10　オリエンテーションフェーズ2の結果

　今回のデータの場合、オリエンテーションフェーズは図7.5.10の右側で完了です。これ以上は方向付けをすることができず、変数x、Z、Yの因果の方向は分かりません。

7.2節のベイジアンネットワークへの当てはまりの良さの指標を利用して各ネットワークのBICなどを比較しても良いのですが、ほとんど差は生まれず、やはり因果の方向性は決定することができません。

ですが、変数 x、Z、Y は「上司の部下育成の熱心さ x」、「上司がキャリア面談のポイント研修を受講したかどうか Z」、「部下の面談の満足度 Y」でしたので、その因果の関係性は**時間的順序**を考慮すれば常識的に決定することができます。

「部下の面談の満足度 Y」と「上司がキャリア面談のポイント研修を受講したかどうか Z」は、時間的に研修が先にあったので、「上司がキャリア面談のポイント研修を受講したかどうか Z」→「部下の面談の満足度 Y」という関係が分かります。

「上司の部下育成の熱心さ x」と「上司がキャリア面談のポイント研修を受講したかどうか Z」の関係については、キャリア面談のポイント研修が上司の部下育成の熱心さを向上させることを否定できないですが、一般的にはどちらかといえば熱心さがあるから、自ら研修を受講したわけであり、「上司の部下育成の熱心さ x」→「上司がキャリア面談のポイント研修を受講したかどうか Z」が無難です。

最後に、「部下の面談の満足度 Y」→「上司の部下育成の熱心さ x」の因果関係は一般的ではなく（部下が満足そうだから、上司も熱心になっていくことは否定できませんが）、「部下の面談の満足度 Y」←「上司の部下育成の熱心さ x」と考えるのが無難です。

最後の3変数についてはデータに基づいたPCアルゴリズムでは因果の方向性が決まりませんでしたが、限られたデータから無理に因果の方向性を決めようとせず、データ発生の**時間的順序**に基づき、無難な方向性を当てはめることも重要です。

よって最終的には図7.5.11のDAGが推定され、これはデータ生成時に前提としたベイジアンネットワークのDAGと同じになりました。

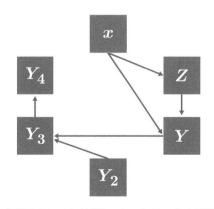

図7.5.11 ベイジアンネットワークの最終的な推定結果

ベイジアンネットワークでの推論

　最後に推定されたベイジアンネットワークを利用して、一部の変数のみが観測できた場合に、観測できていないデータの値を推論する手法を実装します。

　ベイジアンネットワークをベースに未観測データの値を推論する手法は複数存在します。本書では最も簡単な変数消去アルゴリズムによる推論を、pgmpy の関数を利用して実装します。

　変数消去アルゴリズムは、確率分布の変形手法である周辺化を利用して変数を消去していきながら、推論する手法です。変数消去アルゴリズムのより具体的な内容や、その他の推論手法について気になる方は、[5] などのベイジアンネットワークの専門書をご覧ください。

　実装は次の通りです。今回は「上司がキャリア面談のポイント研修を受講したかどうか Z」と、「部下当人の仕事への満足度 $Y3$」の2つが観測できていると仮定します。そこから今回のベイジアンネットワークの構造をもとに、「上司の部下育成の熱心さ x」の値を確率的に推定します。

```python
from pgmpy.models import BayesianModel
from pgmpy.inference import VariableElimination

# モデルを構築
model = BayesianModel([('x', 'Z'), ('x', 'Y'), ('Z', 'Y'),
                       ('Y', 'Y3'), ('Y2', 'Y3'), ('Y3', 'Y4')])
# モデルにデータを与える
model.fit(df_bin)

# 変数消去アルゴリズムで推論
infer = VariableElimination(model)
obserbed_data = {'Z': 0, 'Y3': 3}  # 観測できているデータの一例
x_dist = infer.query(['x'], evidence=obserbed_data)
print(x_dist)
print("====================")
obserbed_data = {'Z': 1, 'Y3': 3}  # 観測できているデータの一例
x_dist = infer.query(['x'], evidence=obserbed_data)
print(x_dist)
print("====================")
obserbed_data = {'Z': 1, 'Y3': 5}  # 観測できているデータの一例
x_dist = infer.query(['x'], evidence=obserbed_data)
print(x_dist)
```

　上記の結果を図7.5.12に示します。図7.5.12では「上司がキャリア面談のポイント研修を受講したかどうか Z」が0の場合と1の場合、そして、「部下当人の仕事への満足度 $Y3$」が3の場合と5の場合で、「上司の部下育成の熱心さ x」を推定しています。

　$Z=0$で$Y3=3$の場合（図7.5.12左側）と、$Z=1$で$Y3=3$の場合（図7.5.12真ん中）を比較すると、研修に参加していない左側の結果の方が上司の部下育成の熱心さxが大きな値になる確率が高いです。例えば$x=5$の確率は左側が0.39に対して、真ん中は0.04です。部下の仕事の満足度が同じなので、研修には参加していないが部下育成に熱心、という仮説が考えられます。このように、具体的に「ではその上司の部下育成の熱心さ x はどれくらいなの？」という問いに対して、図7.5.12のように熱心さxが1から5のどの値なのかを確率的に答えられるのがベイジアンネットワークの強みです。

　$Z=1$で$Y3=3$の場合（図7.5.12真ん中）と、$Z=1$で$Y3=5$の場合（図7.5.12右側）を比較すると、部下の仕事への満足度に、$x \to Y \to Y3$というパスが存在するので、上司の部下育成の熱心さxは右側の方が大きな値となる確率が高いことが分かります。

　本例のように全データを測定した結果からベイジアンネットワークのDAGを構築することで、その後得られた、部分的な観測データに対して未観測変数の値を確率的に推定することができるのが、ベイジアンネットワークの利点の1つとなります。

「上司がキャリア面談のポイント研修を受講したかどうか Z」=**0**、「部下当人の仕事への満足度 $Y3$」=**3**	「上司がキャリア面談のポイント研修を受講したかどうか Z」=**1**、「部下当人の仕事への満足度 $Y3$」=**3**	「上司がキャリア面談のポイント研修を受講したかどうか Z」=**1**、「部下当人の仕事への満足度 $Y3$」=**5**

```
| x    | phi(x) |        | x    | phi(x) |        | x    | phi(x) |
+======+========+        +======+========+        +======+========+
| x(1) | 0.0484 |        | x(1) | 0.3587 |        | x(1) | 0.0070 |
+------+--------+        +------+--------+        +------+--------+
| x(2) | 0.0915 |        | x(2) | 0.2370 |        | x(2) | 0.0101 |
+------+--------+        +------+--------+        +------+--------+
| x(3) | 0.1958 |        | x(3) | 0.2413 |        | x(3) | 0.0521 |
+------+--------+        +------+--------+        +------+--------+
| x(4) | 0.2735 |        | x(4) | 0.1187 |        | x(4) | 0.2781 |
+------+--------+        +------+--------+        +------+--------+
| x(5) | 0.3908 |        | x(5) | 0.0444 |        | x(5) | 0.6527 |
+------+--------+        +------+--------+        +------+--------+
```

図7.5.12　ベイジアンネットワークでの推定結果

まとめ

　本節では疑似データを生成し、条件付き独立性検定による構造学習であるPCアルゴリズムを用いて、ベイジアンネットワークによる因果探索の流れと実装を解説しました。

　ベイジアンネットワークは非常に幅広い分野なので本章では簡単な導入にしか触れられていません。さらなる詳細が気になる方は本書の参考文献をはじめ、ベイジアンネットワークの専門書にも挑戦してみてください。

　第8章では、ディープラーニングを用いた因果探索手法について解説、実装します。

引用

[1] 繁桝 算男ら，ベイジアンネットワーク概説，培風館，2006.

[2] pgmpy（Python library for Probabilistic Graphical Models），https://github.com/pgmpy，The MIT License (MIT)，Copyright©2013-2017 pgmpy

[3] pgmpy（Python library for Probabilistic Graphical Models）のドキュメントページ，
https://pgmpy.org/index.html

[4] pgmpyのBIC　AM Carvalho, Scoring functions for learning Bayesian networks,
http://www.lx.it.pt/~asmc/pub/talks/09-TA/ta_pres.pdf

[5] 植野 真，ベイジアンネットワーク，コロナ社，2013.

[6] JSSC統計検定2級，http://www.toukei-kentei.jp/about/grade2/

[7] カイ二乗分布表，http://www3.u-toyama.ac.jp/kkarato/2019/statistics/table/chisq.pdf

[8] Spirtes, P., Glymour, C. N., Scheines, R., & Heckerman, D. (2000). Causation, prediction, and search. MIT press.

第**8**章

ディープラーニングを
用いた因果探索

8-1　因果探索と GAN（Generative Adversarial Networks）の関係

本章ではディープラーニングを用いた因果探索について解説、実装します。

2020 年現在、ディープラーニングを様々な領域で利用する研究が増えており、因果探索の分野でもディープラーニングを利用した研究が進んでいます。

例えば、

- グラフニューラルネットワークを用いた因果探索 [1]
- 深層強化学習を用いた因果探索 [2]
- GAN（Generative Adversarial Networks）を用いた因果探索 [3, 4]

などが発表されています。

著者としては、ディープラーニングを用いた因果探索手法は、まだまだ研究が始まったばかりの分野であり、今後より洗練された手法が発表されると考えています。そのため本書にてディープラーニングを用いた因果探索を掲載するか迷いましたが、読者の皆様に、今後発展が期待される分野を感じていただきたいと考え、本章で解説、実装することとしました。

本章ではディープラーニングを用いた因果探索手法の中でも、**SAM**（Structural Agnostic Model）[4] について、解説、実装を行います。SAM は GAN を用いた因果探索手法です。本節では GAN について簡単に解説します。

本章の内容は PyTorch を用いたディープラーニングと GAN の実装経験がないと理解が難しい部分が多いです。一読での理解は難しいため、完全理解を目指さず、まずはディープラーニングと因果探索という世界観に触れることを目的に、本章を読み進めることを推奨いたします。

なお、本章で出てくる実装は SAM 論文の著者らの GitHub のコード [5] を一部参考、使用しています。

[5] https://github.com/FenTechSolutions/CausalDiscoveryToolbox
MIT License Copyright © 2018 Diviyan Kalainathan

GAN (Generative Adversarial Network) とは

本書を手に取る方は恐らく、ディープラーニングのGANと呼ばれる技術について耳にしたことがあるかと思います。本節では簡単にGANについて説明します（GANの詳細な解説と実装については、拙著『つくりながら学ぶ！ PyTorchによる発展ディープラーニング』[6]などをご覧いただければ幸いです）。

GANといえば、画像を生成する技術として有名です。大量の画像データを学習に使用し、実際には存在していない架空の画像を生成する技術として皆さまもご存知かもしれません。

まずはどのようにして、GANが画像を生成するのかを簡単に説明します。GANは生成器（Generator、以下G）と呼ばれるニューラルネットワークと、識別器（Discriminator、以下D）と呼ばれる2種類のニューラルネットワークから構成されます。

画像を生成する際に使用するのは、「学習済みの生成器G」のみです。学習済みの生成器Gに入力としてノイズを与えると、そのノイズの値に応じた架空の画像データが生成され、Gから出力されます。例えば入力ノイズの次元が20次元、出力される画像のサイズが縦横30ピクセルずつであれば、テンソルサイズ $[20]$ のノイズ入力を入力として、テンソルサイズ $[3, 30, 30]$ の出力を作り出します。出力テンソルの最初の次元の3はRGBの各色チャネルを示します。

学習済み生成器Gを作る際に、手書き数字の画像を学習データとして与えた場合、手書き数字の画像を出力するような生成器Gを構築できます。

またGANの種類によっては入力にノイズだけでなく、条件（手書き数字画像であれば0や1など数字の種類を指定）も入力する場合があります。この場合は条件に応じた任意の数字の画像を生成させることができます（Conditional GANと呼びます）。

ここで重要な点は、**生成器Gはノイズを入力に人が数字と認識できる画像を生成してくれる**点です。例えば3×30×30の画像サイズにおいて、各値は0から255の256通りの値をとるため、生成できる画像パターンは膨大になります。この膨大なパターンの中から、人が見たときに手書き数字画像と思えるパターンを出力してくれるのが生成器Gです。

このとき、生成される画像は基本的には学習に使用した画像には含まれていないパターンの画像となります。学習に使用した画像を表示するのではなく、学習に使用した画像の特徴をもった、新たな画像を生成してくれます。

では、そのような生成器Gを構築するために生成器Gのニューラルネットワークをどのように学習させれば良いかが問題となります。ここで識別器Dが登場します。

生成器Gが生成した画像が数字に見えるかどうかを、いちいち人が判定することは大変であり時間的にも困難なので、識別器Dが人に代わって、「生成器Gが生成した画像が数字に見えるかどうか」を判定します。正確には、「数字に見えるかどうか」の判定は難しいので、「学習データセットにある画像か、それともGで生成された画像か？」を判定させます。**識別**

器Dが学習データセットにある画像かGで生成された画像かうまく区別が付かないようになれば、Gで生成される画像は学習データの特徴をもった、人が見ても手書き数字に見える画像だと判断できます。

この学習の際に、識別器Dは学習データセットの画像と生成画像の判定がうまくできない初期状態からスタートします。そして生成器Gもまるで砂嵐のような画像しか生成できない状態からスタートします。そして、生成器Gは「識別器Dが学習データセットの画像と勘違いする画像を生成するように」、識別器Dは「学習データセットにある画像か、それとも生成された画像か判定できるように」、それぞれのニューラルネットワークを更新していきます。識別器Dも初期状態からスタートする理由は、はじめから完璧にGの生成画像を見抜かれてしまうと、Gの学習がうまくいかないからです。DとGを徐々に切磋琢磨させながら、学習を進めます。

すると最終的に学習済み生成器Gは人が見たときに、学習データセットにある画像のような画像を生成できるようになります。

これがGANのおおまかなイメージです。

上記の例でも画像を取り上げましたが、GANと言えば、画像生成のイメージが強いです。ですが、画像しか生成できないわけではありません。本章の因果探索の場合では、「観測したデータと同じような特徴のデータを生み出す生成器Gを学習させることができれば、この生成器Gから観測データが生まれるしくみを解き明かし、因果ダイアグラムを描くことができます」。

これが、因果探索にGANを用いるモチベーションです。次節ではGANを用いた因果探索手法であるSAM（Structural Agnostic Model）のモデル構造について解説します。

8-2 / SAM (Structural Agnostic Model) の概要

　本節ではGANを用いた因果探索手法であるSAM（Structural Agnostic Model）の、生成器Gおよび識別器Dの概要を、図を用いて解説します。

　本節では実装は行いません。SAMのネットワーク構造がどのようになっているのか、まずはイメージで理解していただけるように解説します。

識別器Dのネットワーク構造

　はじめに識別器Dのネットワーク構造を解説します。

　識別器Dへの入力テンソルのサイズは［mini_batch数, 観測変数の数］です。観測データの数が2,000個、観測した変数の数が6種類とし、ミニバッチサイズは観測データすべてを使用するとすれば、入力テンソルのサイズは［2000, 6］となります。この入力テンソルの要素の値は観測データの変数の値であり、事前に標準化（平均0、標準偏差1に従う分布に変換）しておきます。

　識別器Dの出力テンソルはサイズが［mini_batch数, 1］です。出力テンソルのサイズ1は、「入力データが学習データセットに含まれているものか（すなわち実際に観測したものか）、それとも生成器Gが生成したものか」を判定します。このテンソルの値はマイナスの値であれば、偽物の生成器が生成したデータと判定し、プラスの値であれば学習データセットに含まれていた観測データを意味します。値の絶対値が大きければ大きいほど、その確信度が高くなります（つまり、マイナスの大きな値であれば、強く自信をもって偽物と判定したことになります）。

　図8.2.1にSAMにおける識別器Dのネットワーク構造を示します。

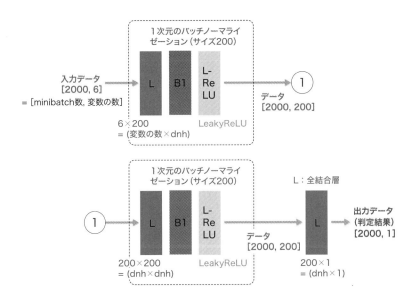

図8.2.1　SAMの識別器のネットワーク構造

　図8.2.1では入力データのミニバッチ数を2,000、観測データの変数の種類を6と仮定しています。入力データははじめに"L"と書かれた「線形全結合層（fully-connected Linear layer）」に入ります。ここでは出力次元数は変数dnhで決められ、図8.2.1ではdnh = 200としています。

　その後、データに1次元のバッチノーマライゼーションが実行されます。200次元になったミニバッチ2,000個のデータに対して、各200次元それぞれが平均0、標準偏差1になる変換を学習させます。

　バッチノーマライゼーションのあと活性化関数のLeakyReLUで処理されます。一般的な活性化関数ReLUはマイナスの入力に対する出力が0になりますが、LeakyReLUではマイナスの入力に対しても入力に応じた値（ここではPyTorchのデフォルトである0.2×入力値）が出力されます。

　活性化関数LeakyReLUを通ったデータのテンソルサイズは［2000, 200］となっています。その後、もう一度、線形全結合層、バッチノーマライゼーション、LeakyReLUに通します。

　最後に線形全結合層（入力は200変数、出力は1変数）に通します。この線形全結合層から出てくるテンソルが識別器Dの判定結果です。テンソルサイズは［2000, 1］となります。

生成器Gの概要

続いて生成器Gの概要を解説します。

識別器Dは一般的なGANで使用される構成とそれほど変わりはありませんでした。画像生成GANの識別器Dでは2次元（縦、横）のバッチノーマライゼーションであるところが、1次元バッチノーマライゼーションに代わっただけです。

一方で生成器Gは、因果探索したいデータの生成過程を担い、変数間の因果ダイアグラムのつながりを求められる必要があるため、因果探索に対応した独特な形になります。

ここで、SAMを理解するうえで非常に重要な内容を解説します。SAMの生成器Gがどのようにデータを生成するのか、そして識別器Dがどのように生成データを判定するのかです。

例えば観測変数が6種類あったとします。**この場合SAMの生成器Gは、「6種類の変数の値6つを同時に1回で生成するのではなく、とある変数1つに着目し、残りの5つの変数には観測データを与え、入力ノイズに応じて、とある変数1つだけを生成します」**。

そして、**識別器Dは「1つの変数の値がGでの生成データで、残り5つが観測データのfakeケースと、6つすべてが観測データのケース、入力されたデータはこのどちらなのか？を判定します」**。

変数が6つある場合は、変数を変えながら上記の過程を6回実施します。

以上のSAMのデータ生成のしくみを念頭に置いておくと生成器Gから識別器Dへのつながりが理解しやすいです。この内容を図解したのが図8.2.2となります。

入力データは観測したデータです。例えばminibatchのサイズが2,000、観測変数の種類が6の場合、テンソルのサイズは［minibatch数, 変数の数］＝［2000, 6］となります。同時に入力用ノイズも用意して与えます。SAMの場合は平均0、分散1の正規分布に従うノイズを生成します。ノイズのテンソルサイズは入力データと同じです。

最終的に出力されるテンソルのサイズ（すなわち生成データのテンソルサイズ）は［minibatch数, 変数の数］＝［2000, 6］です。［2000, 6］はすべて生成されたデータです。

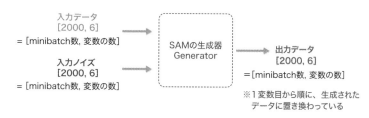

図8.2.2 SAMの生成器の構造

　この生成器での生成データを識別器に入力するときには、図8.2.3のように工夫して与えます。識別器には生成データと一緒に観測データも与え、観測データから1種類の変数の値だけを生成データに置き換えて、それが生成されたデータと見破れるかを試します。そのため、生成データを識別器に与える場合は、変数の数だけ識別器の判定結果が出ます。

図8.2.3　SAMの識別器の構造

生成器Gのネットワーク構造

　それでは生成器Gのネットワーク構造を解説します。

　データ生成では「ノイズを入力してとある1変数の値のみを生成データとして作成、その他の変数の値には観測データを与える」、それを変数の種類数だけ実施します。この特殊なデータ生成のルールに応じて、ネットワークが複雑な構造をしています。

　ここで生成器Gのポイントは、変数の種類数だけ生成過程を繰り返すのですが、実際に繰り返すのは時間的にもったいないので、**変数の種類数だけ生成過程を繰り返す操作を行列演算として実装します**。この操作を実行したいのでPyTorchにはない独自のモジュールとして、Linear3DモジュールとChannelBatchNorm1dモジュールを使用します。

　これらのモジュールはSAMオリジナルです。本書ではこれらモジュールの実装はSAMの著者らの実装をそのまま使用します。そのため本書ではこれらモジュールの実装は行いません。しかし、これらのモジュールがどのような操作をしているのかをここで解説します。

　図8.2.4にSAMの生成器Gのネットワーク構造を示します。最初のLinear3Dモジュールは、基本的には単なる全結合層です。ただし、1変数を除く観測されたデータとノイズを入力に、線形和の計算を実施します。

　その後バッチノーマライゼーションで出力を標準化し、平均0、分散1に近づくように変換します。この際に、BatchNorm1dを実行したいのですが、独自のLinear3Dの出力が、2次元ではなく3次元のテンソルになっていて、PyTorchのBatchNorm1dが適用できません。そこで、内部で一度2次元にして、BatchNorm1dを適用し、再度元のテンソルサイズに戻すバッチノーマライゼーション操作として、ChannelBatchNorm1dモジュールを用意し、適用します。

　バッチノーマライゼーションのあとには、活性化関数Tanhで非線形変換を実施します。

　その後再度Linear3Dによる線形変換を実施して、最終的に［minibatch数, 変数の数］の生成データを出力します。

　以上が、SAMでの生成器Gのおおまかなネットワーク構造です。

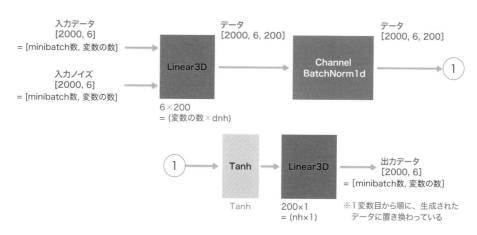

図8.2.4　SAMの生成器のネットワーク構造

　しかしながら、ここまでの説明では因果ダイアグラムの構造を表す概念が登場していません。因果ダイアグラムの構造を生成器Gに取り込む方法について解説します。

　上記の図8.2.4の生成器のネットワーク概要図では掲載を省略していますが、生成器には、ネットワーク構造のマトリクスM（SAMの論文中ではstructual gateと記載）と、1つ目のLinear3Dの複雑さをコントロールするマトリクスZ（論文中ではfunctional gateと記載）が存在しています。

　この2つのマトリクスは要素に0か1の値をとります。例えば観測変数が3種類でMが、［［0, 1, 1］, ［0, 0, 1］, ［0, 0, 0］］であった場合、変数1から変数2と変数3へ因果がつながっています。さらに変数2から変数3へも因果がつながっています。変数3からはどこへもつながっていない、ということになります。

　Linear3Dの複雑さをコントロールするマトリクスZの場合は、Linear3Dの出力要素のうち、Zの要素が0に対応する値には0がかけ算されて、実質的には使用されないようになります（結果、生成過程の複雑性が減ります）。

以上の概念を図8.2.4に加えると、図8.2.5となります。

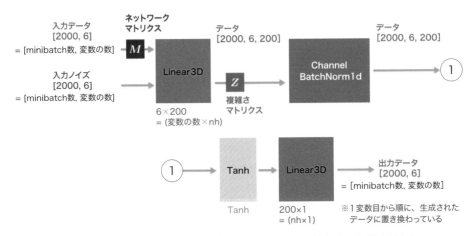

図8.2.5　SAMの生成器のネットワーク構造（ネットワーク・マトリクスなどを追加）

　ネットワーク構造を示すマトリクスMと、1つ目のLinear3Dの複雑さをコントロールするマトリクスZは生成器Gのforward関数（順伝搬）の計算時に、生成器Gに与えます。

　生成器Gの学習時には、このネットワーク構造のマトリクスMと、複雑さマトリクスZも学習させ、それぞれのマトリクスの各要素が0になるか1になるか学習させます。そして、このネットワーク構造のマトリクスMこそが、因果ダイアグラムの構造を示すマトリクスになります。

　続いて、この2つのマトリクスの学習について解説します。

因果構造マトリクスMと複雑さマトリクスZについて

　変数間の因果のつながり、因果ダイアグラムの形を示す因果構造マトリクスMと、生成器Gの1つ目の全結合の複雑さをコントールするマトリクスZは、どちらもその要素に0もしくは1の値を持ちます。

　しかしながら、ディープラーニングにおいて、0か1のような離散的な値をとる要素の学習方法は一般的ではありません。例えば、分類問題でもディープラーニングのネットワークからは最終的に連続値が出力され、その出力に対してソフトマックス関数を用いてクラス間で正規化して、最も大きな値を推論したラベルとしていました。

　離散値を持つ要素をバックプロパゲーションで学習させる手法は、ディープラーニングの初級レベルの論文や書籍では取り扱いません。

　このような離散値を学習させるためには、Gumbel-Softmaxと呼ばれる技術[7]を利用します。Gumbel-Softmaxを利用して0か1を要素に持つマトリクスを作るモジュールとして、MatrixSamplerを用意します。今回、モジュールMatrixSamplerはLinear3D、Channel Batch Norm1dと同じく、SAMオリジナルの実装モジュールを使用します。

　Gumbel-Softmaxを用いたMatrixSamplerを解説は、ディープラーニングの高度なテクニックであり、その詳細な解説は本書では割愛いたします。本書では「通常はディープラーニングでは連続値を出力して学習させるが、0、1のような離散値を出力できるモジュールもGumbel-Softmaxを利用すれば作ることができ、SAMではそれを使っている」程度にご理解いただければ十分です。

まとめ

　以上本節ではSAMの概要を解説しました。はじめにSAMの識別器Dのネットワーク構造を解説し、続いて、生成器Gでデータを生成するしくみ、そして生成されたデータを識別するしくみを解説しました。

　本節ではSAMのポイントとして、データ生成時に観測変数全部の疑似データを一度に生成するのではなく、1変数ずつ値を生成し、残りの観測データに混ぜて、識別器Dで判定させることを解説しました。

　続いて、生成器Gの概要について解説し、生成器Gが観測変数間の因果構造を明らかにするしくみとして、変数間の因果のつながり、因果ダイアグラムを示す因果構造マトリクス M を導入することを解説しました。

　次節では本節の内容を実際に実装します。

8-3 SAMの識別器Dと生成器Gの実装

本節では8.2節で解説した内容を実装コードで表現します。

本節の実装ファイル：

```
8_3_5_deeplearning_gan_sam.ipynb
```

使用するデータの準備

本章では、7.5節でも使用した、疑似データ「上司向け：部下とのキャリア面談のポイント研修」を使用します。

データの因果構造は図8.3.1（図7.5.1再掲）の通りです。観測変数は6種類で、（$x, Z, Y, Y2, Y3, Y4$）です。

またネットワーク構造をマトリクスで表すと、

$$M = \begin{pmatrix} 0 & 1 & 1 & 0 & 0 & 0 \\ 0 & 0 & 1 & 0 & 0 & 0 \\ 0 & 0 & 0 & 0 & 1 & 0 \\ 0 & 0 & 0 & 0 & 1 & 0 \\ 0 & 0 & 0 & 0 & 0 & 1 \\ 0 & 0 & 0 & 0 & 0 & 0 \end{pmatrix}$$

となります。

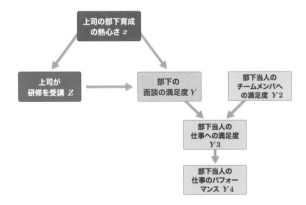

図8.3.1　第8章「上司向け：部下とのキャリア面談のポイント研修」の因果ダイアグラム

疑似データの生成コードは7.5節と同じなので、紙面への掲載は省略します。

CausalDiscoveryToolboxのインストール

SAM論文の著者らが整備している、SAMを含んだ因果探索のPythonパッケージ「Causal DiscoveryToolbox」をインストールします。

本章ではこのCausalDiscoveryToolboxにあるSAMの一部モジュール（Linear3D、Channel BatchNorm1d、MatrixSampler）を使用します。

```
!pip install cdt==0.5.18
```

識別器Dの実装

識別器Dをクラス「SAMDiscriminator」として実装します。

実装するネットワーク構造は8.2節で解説した通りです。全結合層、バッチノーマライゼーション、LeakyReLUを2回繰り返して、最後に全結合層で出力を得ます。

SAMは、識別器Dも生成器Gもforward関数（順伝搬）が複雑です。生成器Gで全観測変数を生成するのではなく、1変数のみを生成データ、他は観測データとするため、実装が複雑になります。

識別器Dのforward計算は、入力が観測データのときは単純です。ネットワークに入力して、判定するだけです。入力が生成データの場合は複雑になります。

SAMの識別器Dの実装は以下の通りです。

生成データのforward計算には複雑なテンソル操作が入っていますが、要は、「1変数のみ生成データ、他は観測データ」を作成して、forward計算に投入しています。生成データを入力した場合には、識別器Dの出力はリスト（配列）となり、各要素が識別器Dの判定結果（ミニバッチ数分）です。プログラム中のコメント文に詳細を記載しているので、そちらも参考にしてみてください。

また、途中で使用している変数maskは、「1変数のみ生成データ、他は観測データ」を作成するために使用します。この変数をforward計算で使用するために、self.register_bufferで登録しています。このregister_bufferはPyTorchの関数です。単純にthis.maskと定義しても良さそうですが、PyTorchの慣習として、学習対象ではないパラメータ変数は関数register_bufferで登録してforward関数内で使用します。

```python
# PyTorchから使用するものをimport
import torch
import torch.nn as nn

class SAMDiscriminator(nn.Module):
    """SAMのDiscriminatorのニューラルネットワーク
    """

    def __init__(self, nfeatures, dnh, hlayers):
        super(SAMDiscriminator, self).__init__()

        # ----------------------------------
        # ネットワークの用意
        # ----------------------------------
        self.nfeatures = nfeatures  # 入力変数の数

        layers = []
        layers.append(nn.Linear(nfeatures, dnh))
        layers.append(nn.BatchNorm1d(dnh))
        layers.append(nn.LeakyReLU(.2))

        for i in range(hlayers-1):
            layers.append(nn.Linear(dnh, dnh))
            layers.append(nn.BatchNorm1d(dnh))
            layers.append(nn.LeakyReLU(.2))

        layers.append(nn.Linear(dnh, 1))  # 最終出力

        self.layers = nn.Sequential(*layers)

        # ----------------------------------
        # maskの用意（対角成分のみ1で、他は0の行列）
        # ----------------------------------
        mask = torch.eye(nfeatures, nfeatures)  # 変数の数×変数の数の単位行列
        self.register_buffer("mask", mask.unsqueeze(0))  # 単位行列maskを保存しておく

        # 注意：register_bufferはmodelのパラメータではないが、その後forwardで使う
        #   変数を登録するPyTorchのメソッドです
        # self.変数名で、以降も使用可能になります
        # https://pytorch.org/docs/stable/nn.html?highlight=register_buffer#torch.
        #   nn.Module.register_buffer

    def forward(self, input, obs_data=None):
        """ 順伝搬の計算
        Args:
            input (torch.Size([データ数, 観測変数の種類数])): 観測したデータ、もし
```

くは生成されたデータ
```
            obs_data (torch.Size([データ数, 観測変数の種類数])): 観測したデータ
    Returns:
            torch.Tensor: 観測したデータか、それとも生成されたデータかの判定結果
    """

        if obs_data is not None:
            # 生成データを識別器に入力する場合
            return [self.layers(i) for i in torch.unbind(
                obs_data.unsqueeze(1) * (1 - self.mask)
                    + input.unsqueeze(1) * self.mask, 1)]
            # 対角成分のみ生成したデータ、その他は観測データに
            # データを各変数ごとに、生成したもの、その他観測したもので混ぜて、1変
            #  数ずつ生成したものを放り込む
            # torch.unbind(x,1)はxの1次元目でテンソルをタプルに展開する
            # minibatch数が2000、観測データの変数が6種類の場合、
            # [2000,6]→[2000,6,6]→([2000,6], [2000,6], [2000,6], [2000,6],
            #  [2000,6], [2000,6])→([2000,1], [2000,1], [2000,1], [2000,1],
            #  [2000,1], [2000,1])
            # returnは[torch.Size([2000, 1]),torch.Size([2000, 1]),torch.
            #  Size([2000, 1], torch.Size([2000, 1]),
            #  torch.Size([2000, 1]),torch.Size([2000, 1])]

            # 注：生成した変数全種類を用いた判定はしない。
            # すなわち、生成した変数1種類と、元の観測データたちをまとめて1つにし、
            #  それが観測結果か、生成結果を判定させる

        else:
            # 観測データを識別器に入力する場合

            return self.layers(input)
            # returnは[torch.Size([2000, 1])]

    def reset_parameters(self):
        """識別器Dの重みパラメータの初期化を実施"""
        for layer in self.layers:
            if hasattr(layer, 'reset_parameters'):
                layer.reset_parameters()
```

生成器Gの実装

　続いてデータを生成する生成器Gを作成します。この生成器Gに対して、観測データと同じ傾向を持つデータを生成する方法を学習させることで、データ生成のメカニズムを解き明かし、因果関係を明らかにします。

　8.2節で解説した通り、生成器Gは非常に複雑です。今回はSAMの著者らのパッケージから、3つのモジュール、Linear3D、ChannelBatchNorm1d、MatrixSamplerを利用します。コード内にこれらのモジュールの実装へのリンクを記載しています。これらモジュールの詳細な実装が気になる方はリンク先を参照ください。

　生成器Gの実装は以下の通りです。8.2節で解説した構成です。Linear3Dの全結合層、バッチノーマライゼーション、活性化関数Tanh、そして再度Linear3Dの全結合層を通ります。

　変数skeletonは、因果ダイアグラムの構造を示すマトリクスの変数adj_matrixにかけ算して、自分から自分への因果（例えば、変数2→変数2のようなセルフフィードバックのループ、すなわちadj_matrixの対角成分）を0にするために作成、使用しています。

```python
from cdt.utils.torch import ChannelBatchNorm1d, MatrixSampler, Linear3D

class SAMGenerator(nn.Module):
    """SAMのGeneratorのニューラルネットワーク
    """

    def __init__(self, data_shape, nh):
        """初期化"""
        super(SAMGenerator, self).__init__()

        # ------------------------------------
        # 対角成分のみ0で、残りは1のmaskとなる変数skeletonを作成
        # ※最後の行は、全部1です
        # ------------------------------------
        nb_vars = data_shape[1]  # 変数の数
        skeleton = 1 - torch.eye(nb_vars + 1, nb_vars)

        self.register_buffer('skeleton', skeleton)

        # 注意：register_bufferはmodelのパラメータではないが、その後forwardで使う
          変数を登録するPyTorchのメソッドです
        # self.変数名で、以降も使用可能になります
        # https://pytorch.org/docs/stable/nn.html?highlight=register_buffer#torch.
          nn.Module.register_buffer
```

```python
# ----------------------------------
# ネットワークの用意
# ----------------------------------
# 入力層（SAMの形での全結合層）
self.input_layer = Linear3D(
    (nb_vars, nb_vars + 1, nh))  # nhは中間層のニューロン数
# https://github.com/FenTechSolutions/CausalDiscoveryToolbox/blob/
    32200779ab9b63762be3a24a2147cff09ba2bb72/cdt/utils/torch.py#L289

# 中間層
layers = []
# 2次元を1次元に変換してバッチノーマライゼーションするモジュール
layers.append(ChannelBatchNorm1d(nb_vars, nh))
layers.append(nn.Tanh())
self.layers = nn.Sequential(*layers)

# ChannelBatchNorm1d
# https://github.com/FenTechSolutions/CausalDiscoveryToolbox/blob/
    32200779ab9b63762be3a24a2147cff09ba2bb72/cdt/utils/torch.py#L130

# 出力層（再度、SAMの形での全結合層）
self.output_layer = Linear3D((nb_vars, nh, 1))

def forward(self, data, noise, adj_matrix, drawn_neurons=None):
    """ 順伝搬の計算
    Args:
        data (torch.Tensor): 観測データ
        noise (torch.Tensor): データ生成用のノイズ
        adj_matrix (torch.Tensor): 因果関係を示す因果構造マトリクスM
        drawn_neurons (torch.Tensor): Linear3Dの複雑さを制御する複雑さマトリクスZ
    Returns:
        torch.Tensor: 生成されたデータ
    """

    # 入力層
    x = self.input_layer(data, noise, adj_matrix *
                         self.skeleton)  # Linear3D

    # 中間層（バッチノーマライゼーションとTanh）
    x = self.layers(x)

    # 出力層
    output = self.output_layer(
        x, noise=None, adj_matrix=drawn_neurons)  # Linear3D

    return output.squeeze(2)
```

```python
def reset_parameters(self):
    """重みパラメータの初期化を実施"""

    self.input_layer.reset_parameters()
    self.output_layer.reset_parameters()

    for layer in self.layers:
        if hasattr(layer, 'reset_parameters'):
            layer.reset_parameters()
```

因果構造マトリクス M と複雑さマトリクス Z の実装

変数間の因果の関係性を示す因果構造マトリクス M と、生成器 G の 1 つ目の全結合の複雑さをコントロールするマトリクス Z は、どちらもその要素に 0 もしくは 1 の値を持ちます。前節で解説したようにこのような離散値を実現するために Gumbel-Softmax を利用したモジュールを作成します。

本書ではこのモジュールは MatrixSampler として、SAM の著者らのモジュールを使用します。そのためこの部分は実装しません。

なお、因果構造マトリクス M と複雑さマトリクス Z は SAM の生成器の forward 関数の引数で使用されており、それぞれ adj_matrix と drawn_neurons としています（厳密には、adj_matrix は因果構造マトリクス M にノイズの項が加わったものです）。

まとめ

以上、SAM の識別器 D と生成器 G を実装しました。

次節では、SAM の損失関数について解説、実装し、さらに SAM による因果探索を実行するコードを実装します。

8-4 SAM の損失関数の解説と因果探索の実装

本章ではSAMの損失関数の解説と実装を行います。またSAMの学習を実施する部分も合わせて実装します。

SAMをはじめとしたディープラーニングによる因果探索で、どのように損失関数を工夫することでDAG（Directed acyclic graph：有向非循環グラフ）となる因果ダイアグラムのマトリクスを生成するのか、本節で理解いただければと思います。

本節の実装ファイル：

```
8_3_5_deeplearning_gan_sam.ipynb
```

DAGを生み出す損失関数：NO TEARS

因果探索を行うにあたり、変数間の因果関係を示す因果構造マトリクス M がDAG（有向非循環グラフ）になるパターンを探索する必要があります。そのため、因果構造マトリクス M がDAGでないときには損失を与え、DAGになるようにバックプロパゲーションで学習させる必要があります。

このマトリクスがDAGかどうかを判定する損失として、**NO TEARS**（Non-combinatorial Optimization via Trace Exponential and Augmented lagRangian for Structure learning）と呼ばれる手法が提案されています[8, 9]。SAMでは損失関数にこのNO TEARSを利用します（ただし、論文NO TEARSそのものはディープラーニングによる因果探索の提案ではありません。DAGとなる拘束条件の与え方を示す論文です）。

NO TEARSによる損失計算の具体的な形は次の通りです。因果構造マトリクス M がDAGの場合、以下の関係が成り立ちます[8, 9]。

$$\sum_{k=1}^{d} \frac{\operatorname{tr} M^k}{k!} = 0$$

ここで、d は観測変数の種類数であり、マトリクスの行数です。

因果構造マトリクス M が DAG ではない場合、

$$\sum_{k=1}^{d} \frac{\operatorname{tr} M^k}{k!}$$

の値が0にならず、正の値をとります。そのため、この項を損失関数に加えることで、因果構造マトリクス M が DAG になるように M を学習させることができます。

NO TEARS の損失計算の実装は、SAM の著者らの実装をそのまま流用しています。一見ややこしそうですが、上記の数式の計算を行っているだけです。

```python
# ネットワークを示す因果構造マトリクスMがDAG（有向非循環グラフ）になるように加える損失

def notears_constr(adj_m, max_pow=None):
    """No Tears constraint for binary adjacency matrixes.
    Args:
        adj_m (array-like): Adjacency matrix of the graph
        max_pow (int): maximum value to which the infinite sum is to be computed.
            defaults to the shape of the adjacency_matrix
    Returns:
        np.ndarray or torch.Tensor: Scalar value of the loss with the type
            depending on the input.
    参考：https://github.com/FenTechSolutions/CausalDiscoveryToolbox/blob/
    32200779ab9b63762be3a24a2147cff09ba2bb72/cdt/utils/loss.py#L215
    """
    m_exp = [adj_m]
    if max_pow is None:
        max_pow = adj_m.shape[1]
    while(m_exp[-1].sum() > 0 and len(m_exp) < max_pow):
        m_exp.append(m_exp[-1] @ adj_m/len(m_exp))

    return sum([i.diag().sum() for idx, i in enumerate(m_exp)])
```

識別器Dと生成器Gの損失関数

続いてSAMの識別器Dと生成器Gの損失関数を解説します。SAMは基本的にGANの枠組みなので、損失関数もGANに従います。

SAM論文では通常のGAN（正確にはDCGAN）の損失計算以外にも、ベイジアンネットワークの因果探索でのスコアリング法で用いられるMDL（Minimum Description Length）に基づく損失関数の使用が提案されています。しかしながらMDLに基づくGANの損失関数の導出と解説は本書で取り扱うには難しすぎるので、本書では一般的なDCGANでの損失を使用します。

なおDCGANでの損失関数の詳細な説明については、拙著『つくりながら学ぶ！PyTorchによる発展ディープラーニング』の第5章GANによる画像生成（DCGAN、Self-Attention GAN）[6]をご覧ください。

ここでは簡単にGANの損失関数について解説を行います。

まず識別器Dの損失関数です。Binary cross entropy with Logistic functionと呼ばれる関数で損失を計算します。PyTorchでは、Torch.nn.BCEWithLogitsLoss()として用意されています。識別器Dの損失関数BCEwithLogitsLossを式で記述すると、

$$-\sum_{i=1}^{N}[l_i \log y_i + (1 - l_i) \log(1 - y_i)]$$

となります。ここで、l_iはi番目のデータのラベル（データセットのデータなら1、生成器Gから生成していれば0）を示し、y_iは識別器の出力を示します。Nはミニバッチのデータ数です。

生成器Gは識別器Dを騙すようにしたいので、生成器Gの損失関数は識別器Dの損失関数にマイナスをかけた以下になります。

$$+\sum_{i=1}^{N}[l_i \log y_i + (1 - l_i) \log(1 - y_i)]$$

ここでは生成器Gだけを考えるため、l_iは0だけです。そしてy_iは生成されたデータを判定した結果なので、生成器Gの損失関数は、

$$+\sum_{i=1}^{N} \log(1 - D(G(z_i, \boldsymbol{x}_i)))$$

となります。ここでz_iはデータ生成のためのノイズ、$\boldsymbol{x}_i$は観測データです。通常のDCGANでは生成時に観測データは使用しませんが、SAMは観測データを1変数ずつ生成するため、生成器Gに観測データ$\boldsymbol{x}_i$を与えています。

ただし、上記の損失の形式では生成器Gの学習が進みづらいことが判明しているため（この詳細な理由については[6]を参照ください）、生成器Gの損失関数には上記を基にした、

203

$$-\sum_{i=1}^{N} \log \left(D \left(G \left(z_i, \boldsymbol{x}_i \right) \right) \right)$$

を使用します。

生成器の複雑さの損失関数

　因果構造マトリクス $\boldsymbol{M}$ と複雑さマトリクス $\boldsymbol{Z}$ は、マトリクスの要素が0から1に変わると、より複雑な生成過程を作ることができます。できれば可能な限りシンプルでミニマムな要素数で生成過程を実現したいです。

　そこで、これらのマトリクスのうち、1である要素数の合計をそのまま損失関数として使用します。以下の数式で表されます。

$$\frac{\lambda_s}{N} \sum_{i,j} m_{i,j} + \frac{\lambda_F}{N} \sum_{i,j} z_{i,j}$$

　ここで、λ_s と λ_F はこの損失の影響力を決める係数です。$m_{i,j}$ は因果構造マトリクス $\boldsymbol{M}$ の要素で0か1の値をとります。$z_{i,j}$ は複雑さマトリクス $\boldsymbol{Z}$ の要素で0か1の値をとります。

SAMの学習を実施するコード

　以上の損失関数の形を踏まえて、SAMの学習を実施するコードを実装します。

　実装コード内にコメントを多めに掲載し、その流れを解説しているので、詳細はコメント文をご覧ください。

　注意点は、まず訓練epochでネットワークを学習させ、その後テストepochで因果構造マトリクス $\boldsymbol{M}$ と生成データの損失を求めている点です。因果構造マトリクス $\boldsymbol{M}$ の要素は0か1の離散値ですが、確率的に0か1に求まるので、実装コード内のテスト部分と損失関数計算部分では、0か1かではなく、1となる確率値を使用しています。そして、テストepoch数の平均をとることで、因果構造マトリクス $\boldsymbol{M}$ とデータ生成の損失を求めています。

　もう1つの注意点は、NO TEARSによる損失は訓練epochを経るに従い線形的に強く影響するように与えています。初めからDAGを制約すると上手く生成器Gが学習しづらいため、DAGの制約は徐々に強くしていきます。

```python
from sklearn.preprocessing import scale
from torch import optim
from torch.utils.data import DataLoader
from tqdm import tqdm


def run_SAM(in_data, lr_gen, lr_disc, lambda1, lambda2, hlayers, nh, dnh, train_
epochs, test_epochs, device):
    '''SAMの学習を実行する関数'''

    # ---------------------------------------------------
    # 入力データの前処理
    # ---------------------------------------------------
    list_nodes = list(in_data.columns)  # 入力データの列名のリスト
    data = scale(in_data[list_nodes].values)  # 入力データの正規化
    nb_var = len(list_nodes)  # 入力データの数 = d
    data = data.astype('float32')  # 入力データをfloat32型に
    data = torch.from_numpy(data).to(device)  # 入力データをPyTorchのテンソルに
    rows, cols = data.size()  # rowsはデータ数、colsは変数の数

    # ---------------------------------------------------
    # DataLoaderの作成（バッチサイズは全データ）
    # ---------------------------------------------------
    batch_size = rows  # 入力データすべてを使用したミニバッチ学習とする
    data_iterator = DataLoader(data, batch_size=batch_size,
                               shuffle=True, drop_last=True)
    # 注意：引数のdrop_lastはdataをbatch_sizeで取り出していったときに最後に余った
      ものは使用しない設定

    # ---------------------------------------------------
    # [Generator] ネットワークの生成とパラメータの初期化
    # cols：入力変数の数、nhは中間ニューロンの数、hlayersは中間層の数
    # neuron_samplerは、Functional gatesの変数zを学習するネットワーク
    # graph_samplerは、Structual gatesの変数aを学習するネットワーク
    # ---------------------------------------------------
    sam = SAMGenerator((batch_size, cols), nh).to(device)  # 生成器G
    graph_sampler = MatrixSampler(nb_var, mask=None, gumbel=False).to(
        device)  # 因果構造マトリクスMを作るネットワーク
    neuron_sampler = MatrixSampler((nh, nb_var), mask=False, gumbel=True).to(
        device)  # 複雑さマトリクスZを作るネットワーク

    # 注意：MatrixSamplerはGumbel-Softmaxを使用し、0か1を出力させるニューラルネッ
      トワーク
    # SAMの著者らの実装モジュール、MatrixSamplerを使用
    # https://github.com/FenTechSolutions/CausalDiscoveryToolbox/blob/
      32200779ab9b63762be3a24a2147cff09ba2bb72/cdt/utils/torch.py#L212
```

```python
# 重みパラメータの初期化
sam.reset_parameters()
graph_sampler.weights.data.fill_(2)


# ----------------------------------------------------
# [Discriminator] ネットワークの生成とパラメータの初期化
# cols：入力変数の数、dnhは中間ニューロンの数、hlayersは中間層の数。
# ----------------------------------------------------
discriminator = SAMDiscriminator(cols, dnh, hlayers).to(device)
discriminator.reset_parameters()  # 重みパラメータの初期化


# ----------------------------------------------------
# 最適化の設定
# ----------------------------------------------------
# 生成器
g_optimizer = optim.Adam(sam.parameters(), lr=lr_gen)
graph_optimizer = optim.Adam(graph_sampler.parameters(), lr=lr_gen)
neuron_optimizer = optim.Adam(neuron_sampler.parameters(), lr=lr_gen)

# 識別器
d_optimizer = optim.Adam(discriminator.parameters(), lr=lr_disc)

# 損失関数
criterion = nn.BCEWithLogitsLoss()
# nn.BCEWithLogitsLoss()は、binary cross entropy with Logistic function
# https://pytorch.org/docs/stable/nn.html#bcewithlogitsloss

# 損失関数のDAGに関する制約の設定パラメータ
dagstart = 0.5
dagpenalization_increase = 0.001*10


# ----------------------------------------------------
# forward計算、および損失関数の計算に使用する変数を用意
# ----------------------------------------------------
_true = torch.ones(1).to(device)
_false = torch.zeros(1).to(device)

noise = torch.randn(batch_size, nb_var).to(device)  # 生成器Gで使用する生成ノイズ
noise_row = torch.ones(1, nb_var).to(device)

output = torch.zeros(nb_var, nb_var).to(device)  # 求まった隣接行列
output_loss = torch.zeros(1, 1).to(device)
```

```
# -------------------------------------------------------
# forwardの計算で、ネットワークを学習させる
# -------------------------------------------------------
pbar = tqdm(range(train_epochs + test_epochs))  # 進捗（progressive bar）の表示

for epoch in pbar:
    for i_batch, batch in enumerate(data_iterator):

        # 最適化を初期化
        g_optimizer.zero_grad()
        graph_optimizer.zero_grad()
        neuron_optimizer.zero_grad()
        d_optimizer.zero_grad()

        # 因果構造マトリクスM（drawn_graph）と複雑さマトリクスZ（drawn_neurons）
            をMatrixSamplerから取得
        drawn_graph = graph_sampler()
        drawn_neurons = neuron_sampler()
        # (drawn_graph)のサイズは、torch.Size([nb_var, nb_var])。 出力値は0か1
        # (drawn_neurons)のサイズは、torch.Size([nh, nb_var])。 出力値は0か1

        # ノイズをリセットし、生成器Gで疑似データを生成
        noise.normal_()
        generated_variables = sam(data=batch, noise=noise,
                                adj_matrix=torch.cat(
                                    [drawn_graph, noise_row], 0),
                                drawn_neurons=drawn_neurons)

        # 識別器Dで判定
        # 観測変数のリスト[]で、各torch.Size([data数, 1])が求まる
        disc_vars_d = discriminator(generated_variables.detach(), batch)
        # 観測変数のリスト[] で、各torch.Size([data数, 1])が求まる
        disc_vars_g = discriminator(generated_variables, batch)
        true_vars_disc = discriminator(batch)  # torch.Size([data数, 1])が求まる

        # 損失関数の計算（DCGAN）
        disc_loss = sum([criterion(gen, _false.expand_as(gen)
          for gen in disc_vars_d]) / nb_var \
            + criterion(true_vars_disc, _true.expand_as(true_vars_disc))

        gen_loss = sum([criterion(gen,
                                _true.expand_as(gen))
                    for gen in disc_vars_g])
```

```python
# 損失の計算（SAM論文のオリジナルのfgan）
#disc_loss = sum([torch.mean(torch.exp(gen - 1)) for gen in
  disc_vars_d]) / nb_var - torch.mean(true_vars_disc)
#gen_loss = -sum([torch.mean(torch.exp(gen - 1)) for gen in
 disc_vars_g])

# 識別器Dのバックプロパゲーションとパラメータの更新
if epoch < train_epochs:
    disc_loss.backward()
    d_optimizer.step()

# 生成器のGの損失の計算の残り（マトリクスの複雑さとDAGのNO TEAR）
struc_loss = lambda1 / batch_size*drawn_graph.sum()      # Mのloss
func_loss = lambda2 / batch_size*drawn_neurons.sum()    # Aのloss

regul_loss = struc_loss + func_loss

if epoch <= train_epochs * dagstart:
    # epochが基準前のときは、DAGになるようにMへのNO TEARSの制限はかけない
    loss = gen_loss + regul_loss

else:
    # epochが基準後のときは、DAGになるようにNO TEARSの制限をかける
    filters = graph_sampler.get_proba()
    # マトリクスMの要素を取得（ただし、0,1ではなく、1の確率）
    dag_constraint = notears_constr(filters*filters)  # NO TERARの計算

    # 徐々に線形にDAGの正則を強くする
    loss = gen_loss + regul_loss + \
        ((epoch - train_epochs * dagstart) *
         dagpenalization_increase) * dag_constraint

if epoch >= train_epochs:
    # testのepochの場合、結果を取得
    output.add_(filters.data)
    output_loss.add_(gen_loss.data)
else:
    # trainのepochの場合、生成器Gのバックプロパゲーションと更新
    # retain_graph=Trueにすることで、以降3つのstep()が実行できる
    loss.backward(retain_graph=True)
    g_optimizer.step()
    graph_optimizer.step()
    neuron_optimizer.step()
```

```
    # 進捗の表示
    if epoch % 50 == 0:
        pbar.set_postfix(gen=gen_loss.item()/cols,
                         disc=disc_loss.item(),
                         regul_loss=regul_loss.item(),
                         tot=loss.item())

return output.cpu().numpy()/test_epochs, output_loss.cpu().numpy()/test_epochs/
    cols  # Mと損失を出力
```

まとめ

　本節では因果探索で求まる因果構造マトリクスがDAGに近づくようにする、損失関数NO TEARSの定義を解説しました。またDCGANによる識別器Dと生成器Gの損失関数について解説し、SAMの学習コードを実装しました。

　次節では本節で実装したコードを実行します。

8-5 Google Colaboratoryで GPUを使用した因果探索の実行

　本節では8.4節で実装した学習コードを実行して因果探索を実施します。本節ではGoogle ColaboratoryでGPUを使用する方法を解説し、その後、因果探索を実行します。

本節の実装ファイル：

```
8_3_5_deeplearning_gan_sam.ipynb
```

Google ColaboratoryでGPUを使用する方法

　Google ColaboratoryでGPUを使用することができます。24時間内に最長で12時間使用できます。

　GPU利用の手順を解説します。ノートブックを開き、上部メニューの「ランタイム」を選択。展開されたメニューから「ランタイムのタイプを変更」をクリックします（図8.5.1）。

　ノートブックの設定が開くので、「ハードウェアアクセラレータ」を"GPU"に設定します。その後、右下の「保存」をクリックします。

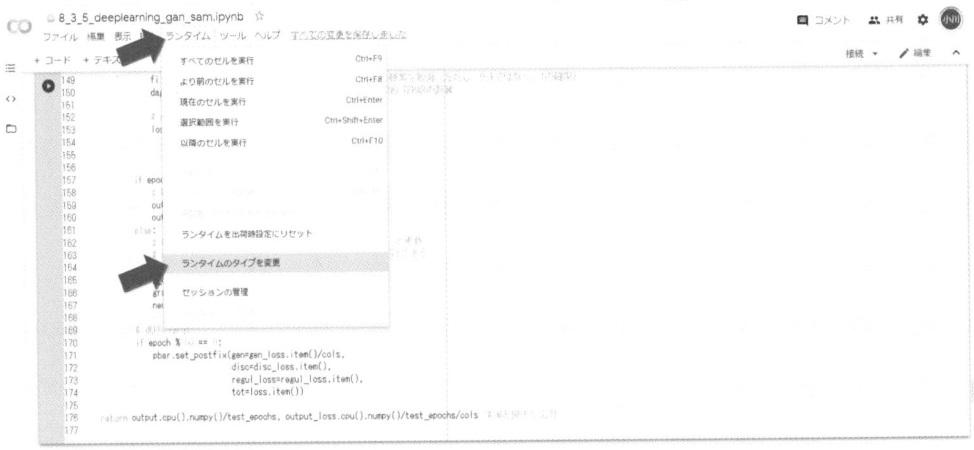

図8.5.1　Google ColaboratoryでGPUを使用する方法1

図8.5.2 Google Colaboratory で GPU を使用する方法2

GPU が使える設定になったのか確認します。以下のコードを実行し、PyTorch から GPU が使用できるか確認します。出力が True であれば、GPU 使用の設定が完了です。

```
# GPUの使用確認：True or False
torch.cuda.is_available()
```

（出力）

```
True
```

SAMの学習を実施

最後に SAM の学習を実施します。SAM は GAN を使った確率的な因果探索手法なので、結果は毎回変化します。そこで、SAM の著者らは8回以上実行し、求まった結果の平均を使用することを推奨しています。

時間がかかるので、今回は5回の因果探索結果の平均を求めるように実行します。

実装は次の通りです。なお、GPU で使われる乱数生成の seed を固定していないので実行結果は毎回微妙に異なります（PyTorch で GPU 部分も seed を固定できますが、実行速度が落ちるので今回は固定していません）。

```
# numpyの出力を小数点2桁に
np.set_printoptions(precision=2, floatmode='fixed', suppress=True)

# 因果探索の結果を格納するリスト
```

211

```
m_list = []
loss_list = []

for i in range(5):
    m, loss = run_SAM(in_data=df, lr_gen=0.01*0.5,
                      lr_disc=0.01*0.5*2,
                      # lambda1=0.01, lambda2=1e-05,
                      lambda1=5.0*20, lambda2=0.005*20,
                      hlayers=2,
                      nh=200, dnh=200,
                      train_epochs=10000,
                      test_epochs=1000,
                      device='cuda:0')

    print(loss)
    print(m)

    m_list.append(m)
    loss_list.append(loss)

# ネットワーク構造（5回の平均）
print(sum(m_list) / len(m_list))

# mはこうなって欲しい
#    x Z Y Y2 Y3 Y4
# x  0 1 1 0 0 0
# Z  0 0 1 0 0 0
# Y  0 0 0 0 1 0
# Y2 0 0 0 0 1 0
# Y3 0 0 0 0 0 1
# Y4 0 0 0 0 0 0
```

　図8.5.3がSAMを実行した結果の様子です。テストepochでの生成データの損失平均と、最終的に求まった因果構造マトリクス M のテストepochでの平均が、5試行分出力されています。

```
100%|████████| 11000/11000 [05:20<00:00, 34.29it/s, disc=0.259, gen=5.63, regul_loss=0.564, tot=42.9]
  0%|        | 4/11000 [00:00<05:14, 34.97it/s, disc=1.43, gen=0.626, regul_loss=1.48, tot=5.23][[7.23]]
[[0.00 0.11 0.96 0.00 0.01 0.00]
 [0.37 0.00 0.96 0.00 0.81 0.00]
 [0.00 0.03 0.00 0.99 1.00 0.66]
 [0.02 0.00 0.00 0.00 0.07 0.00]
 [0.02 0.00 0.02 1.00 0.00 0.98]
 [0.00 0.00 0.04 0.59 0.25 0.00]]
100%|████████| 11000/11000 [05:22<00:00, 34.15it/s, disc=0.301, gen=5.6, regul_loss=0.515, tot=40.2]
  0%|        | 3/11000 [00:00<06:53, 26.59it/s, disc=1.46, gen=0.8, regul_loss=1.38, tot=6.18][[7.37]]
[[0.00 1.00 0.99 0.00 0.38 0.14]
 [0.05 0.00 0.98 0.00 0.19 0.94]
 [0.03 0.10 0.00 1.00 0.24 0.03]
 [0.00 0.00 0.00 0.00 0.10 0.03]
 [0.05 0.00 0.09 0.98 0.00 0.23]
 [0.03 0.01 0.33 0.04 0.66 0.00]]
100%|████████| 11000/11000 [05:21<00:00, 34.18it/s, disc=0.666, gen=6.01, regul_loss=0.412, tot=41.8]
  0%|        | 4/11000 [00:00<04:54, 37.32it/s, disc=1.46, gen=0.887, regul_loss=1.48, tot=6.8][[4.51]]
[[0.00 0.96 0.96 0.00 0.33 0.02]
 [0.05 0.00 0.14 0.00 0.00 0.35]
 [0.00 0.94 0.00 0.99 0.99 0.98]
 [0.02 0.00 0.00 0.00 0.10 0.00]
 [0.00 0.00 0.02 0.99 0.00 0.97]
 [0.01 0.00 0.01 0.00 0.12 0.00]]
```

図8.5.3 SAMを実行した様子

正解のネットワークは、変数 $(x, Z, Y, Y2, Y3, Y4)$ に対して、

$$
M\_ans = \begin{pmatrix}
0 & 1 & 1 & 0 & 0 & 0 \\
0 & 0 & 1 & 0 & 0 & 0 \\
0 & 0 & 0 & 0 & 1 & 0 \\
0 & 0 & 0 & 0 & 1 & 0 \\
0 & 0 & 0 & 0 & 0 & 1 \\
0 & 0 & 0 & 0 & 0 & 0
\end{pmatrix}
$$

でしたが、SAMで因果探索を実行した結果、以下のように求まりました。

$$
M\_inference = \begin{pmatrix}
0.00 & 0.81 & 0.62 & 0.01 & 0.14 & 0.03 \\
0.11 & 0.00 & 0.63 & 0.00 & 0.20 & 0.26 \\
0.16 & 0.42 & 0.00 & 1.00 & 0.85 & 0.34 \\
0.20 & 0.00 & 0.00 & 0.00 & 0.09 & 0.01 \\
0.05 & 0.00 & 0.03 & 0.99 & 0.00 & 0.84 \\
0.06 & 0.01 & 0.08 & 0.13 & 0.25 & 0.00
\end{pmatrix}
$$

ここで適当に閾値を0.6と設定し、0.6以上であれば1、それ以下であれば0とすると

$$M\_inference = \begin{pmatrix} 0 & 1 & 1 & 0 & 0 & 0 \\ 0 & 0 & 1 & 0 & 0 & 0 \\ 0 & 0 & 0 & 1 & 1 & 0 \\ 0 & 0 & 0 & 0 & 0 & 0 \\ 0 & 0 & 0 & 1 & 0 & 1 \\ 0 & 0 & 0 & 0 & 0 & 0 \end{pmatrix}$$

となります。正解の因果ダイアグラムと、SAMによる因果探索の結果を図で示すと次の通り
です（図8.5.4）。探索した結果、求まったネットワークは完全に正確な結果ではありません
が、大まかな骨子はうまく推定できているように感じます。一方で因果の矢印が逆になって
いる部分も見られます。

　SAMのハイパーパラメータをチューニングしたりすると、もう少し正しい結果が得られる
かもしれません。

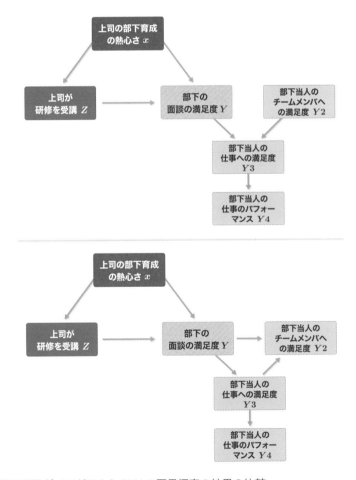

図8.5.4　正解の因果ダイアグラムとSAMの因果探索の結果の比較

まとめ

　以上、本章ではディープラーニングを用いた因果探索の手法として、SAM（Structural Agnostic Model）を解説、実装しました。

　著者としては、SAM はハイパーパラメータが多く、しかもそのハイパーパラメータの設定が難しいと感じています。とはいえ、本書執筆時点（2020 年 4 月）において、ディープラーニングを用いた因果探索のなかでも、まずまず洗練されている手法であるため、本書では SAM を選択し、解説、実装しました。

　今後おそらく短い期間で、因果探索のディープラーニング手法は発展していき、SAM よりも良い手法も生まれるかと思います。因果探索のアプローチも SAM のような GAN ではなく、深層強化学習やグラフニューラルネットワークのような、別アプローチが主流になる可能性もあります。

　本章は難しい内容であり、一読での理解は困難だと思います。ここでは「因果探索にもディープラーニングが活用されつつあるのだな〜」と実感いただければ十分です。本章の内容をよりしっかりと理解したい方は本書に合わせて原著論文 [4] なども参考にしながら、再度読み進めてみてください。

引用

［1］ DAG-GNN

Yu, Y., Chen, J., Gao, T., & Yu, M. (2019). Dag-gnn: Dag structure learning with graph neural networks. arXiv preprint arXiv:1904.10098.

［2］ Causal Discovery with Reinforcement Learning

Zhu, S., & Chen, Z. (2019). Causal discovery with reinforcement learning. arXiv preprint arXiv:1906.04477.

［3］ CGNN

Goudet, O., Kalainathan, D., Caillou, P., Guyon, I., Lopez-Paz, D., & Sebag, M. (2017). Causal generative neural networks. arXiv preprint arXiv:1711.08936.

［4］ SAM

Kalainathan, D., Goudet, O., Guyon, I., Lopez-Paz, D., & Sebag, M. (2018). Sam: Structural agnostic model, causal discovery and penalized adversarial learning. arXiv preprint arXiv:1803.04929.

［5］ https://github.com/FenTechSolutions/CausalDiscoveryToolbox

MIT License Copyright © 2018 Diviyan Kalainathan

［6］ つくりながら学ぶ! PyTorchによる発展ディープラーニング，小川雄太郎，マイナビ出版，2019.

［7］ Jang, E., Gu, S., & Poole, B. (2016). Categorical reparameterization with gumbel-softmax. arXiv preprint arXiv:1611.01144

［8］ Zheng, X., Aragam, B., Ravikumar, P. K., & Xing, E. P. (2018). DAGs with NO TEARS: Continuous optimization for structure learning. In Advances in Neural Information Processing Systems (pp. 9472-9483).

［9］ Zheng, X., Aragam, B., Ravikumar, P., & Xing, E. P. (2018). DAGs with NO TEARS: smooth optimization for structure learning. arXiv preprint arXiv:1803.01422.

第2部によせて

　第2部では因果探索の入門となる技術の解説と疑似データを用いての分析を行いましたが、これらの技術は現実のビジネス的な応用に簡単に適用できるほどの完成度ではないと言われています。これは、現実に生成、取得されるほとんどのデータが、紹介した技術の背景にある前提・仮定を満たしていないなどの理由からです。例えばLiNGAMでは因果関係の線形性という前提があり、非線形な因果関係を含むデータではその前提が破れています。PCアルゴリズムは原始的と言えるアルゴリズムであり、現実のデータの推定では精度が理論通りにはならないという問題が研究者に知られています。

　現在、AIの領域では民間企業による最先端の技術が多く生まれています。因果探索・因果推論の領域においても、ビジネスの高い要求精度に応えるために独自技術を用いた商用サービスが提供されており、すでに多くの実績を上げているサービスには**CALC（カルク）***があります。CALCは独自の高精度アルゴリズムに加え、疑似相関を生み出す原因がデータに存在しないことを推定する、高度ではあるものの欠かせない機能（下図参照）や因果推論機能も実装されています。2017年にビジネスユース向けに商用化されており、製造業を中心に金融、サービスなどの多様なデータ分析に活用されています。公開されている事例としては、一般社団法人インダストリアル・バリューチェーン・イニシアティブ[1] の活動で行われた製造品質の分析例があり、その報告書を閲覧することができます[2]。

　本書で因果分析の考え方を学んだ読者が因果分析を実ビジネスに適用したいと考えている場合には、上記のような高い技術を持つ商用ソフトウェアのご利用をおすすめします。その際にはここで学んだ因果分析の知識がおおいに役に立つことでしょう。

株式会社電通国際情報サービス
AIトランスフォーメーションセンター

隠れた原因を示唆するCALC分析のイメージ図：
CALCでは変数間の相関が投入データに含まれない
原因により発生していることも推定する。

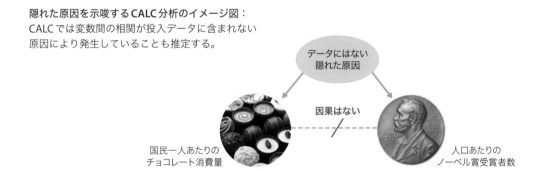

国民一人あたりの
チョコレート消費量　　データにはない隠れた原因　　因果はない　　人口あたりの
ノーベル賞受賞者数

[1]　活動の詳細はホームページを参照　URL: https://iv-i.org/wp/ja/
[2]　URL: https://iv-i.org/wp/wp-content/uploads/2020/03/symposium2020-spring_14.pdf
* CALCはソニー株式会社の登録商標です。
* CALCは株式会社ソニーコンピュータサイエンス研究所が開発した技術であり、株式会社電通国際情報サービスとクウジット株式会社がライセンス販売・受託分析などのサービスを行っています（ホームページ: http://innolab.jp/calc/）。

あとがき

　本書を通読いただき、誠にありがとうございます。本書は因果推論、因果探索に興味を持つ初学者を想定した入門書として、分かりやすさを重視して解説の執筆、プログラムの実装を心がけました。

　可能なかぎり、順番に知識を積み上げていって理解が進むように執筆を心がけましたが、それでも本書を一読するだけでは、因果分析の世界を理解することは難しいと思います。再度第1章から本書を読んでいただければ、1回目よりも非常に理解が進むと思います。

　そこで、このあとがきにて、本書で解説した内容を1章ずつ振り返ります。

　『第1章 相関と因果の違いを理解しよう』では、人事研修とテレビCMを例に、施策を受けた集団と受けていない集団で単純に平均値の差を計算するだけでは、処置の効果は求められない点を解説しました。また平均値の差による推定が上手くいかない原因である疑似相関の概念を解説し、疑似相関が生まれる3つのパターンを解説しました。そして第1章の最後に、Google Colaboratory上で、疑似相関が生まれる3パターンを実際にプログラムを実装して確認しました。

　『第2章 因果効果の種類を把握しよう』では、反実仮想、潜在的結果変数、そして種々の因果効果（ATEやATTなど）を紹介しました。そして、介入操作であるdoオペレータの紹介と、間接的な因果効果で疑似相関が生まれていると因果推論が困難であるが、介入操作で因果の矢印を消せることを解説しました。そしてこの介入操作を、doオペレータを使用せずに数式で記述する調整化公式について説明しました。

　『第3章 グラフ表現とバックドア基準を理解しよう』では、構造方程式モデル、因果ダイアグラム、そして有向非循環グラフDAGを導入しました。続いてDAGにおいて因果推論を実施するために、考慮すべき変数と無視すべき変数を整理しバックドアパスを閉じる操作であるd分離の方法を解説しました。このd分離を経て残っている変数が調整化公式で考慮すべき変数です。そして第3章の最後に因果推論の一つとして、ランダム化比較試験RCTと、RCTによるATEの計算方法を解説しました。この第3章までが因果推論を実施するために必要な事前知識の解説でした。

　『第4章 因果推論を実装しよう』では、基本的な因果推論手法である回帰分析、傾向スコアを用いたIPTW法、そして回帰分析とIPTW法を組み合わせたDR法について解説、実装を行いました。第2章の調整化公式の変形、第3章のd分離を利用することで、これらの因果推論手法が実現できていることを感じ、理解いただけば幸いです。

　『第5章 機械学習を用いた因果推論』では、処置効果が非線形かつ他の変数に依存する場合や、変数間の因果関係が非線形な場合に処置効果を推定する手法として機械学習を用いた因果推論手法を解説、実装しました。本書では非線形な回帰を実施できる機械学習モデルとしてランダムフォレストを利用し、Meta-Learners（T-Learner、S-Learner、X-Learner）、Doubly

Robust Learningについて解説、実装を行いました。

『第6章 LiNGAMの実装』からは第2部の因果探索に入りました。第6章では線形で非循環、そして非ガウスなノイズによる構造方程式モデルを前提としたLiNGAMによる因果探索について、解説、実装しました。独立成分分析と密接に関係していること、構造方程式モデルを求めることがLiNGAMのポイントでした。

『第7章 ベイジアンネットワークの実装』ではベイジアンネットワークの解説として、はじめにスケルトン、PDAG、条件付き確率表CPTを紹介しました。そして、ベイジアンネットワークに対する観測データの当てはまりの良さを示すベイジアンスコアとしてBICをとりあげ、計算手法を解説、実装しました。続いて2つの変数の独立性を検定する手法について解説、実装し、3種類のネットワーク推定手法を紹介しました。最後に7.5節では条件付き独立検定による構造学習の手法としてPCアルゴリズムを紹介し、「上司向け：部下とのキャリア面談のポイント研修」を少し複雑にした疑似データで、ベイジアンネットワークを推定、また推定したネットワークから部分的に未観測な変数の値を推定しました。

『第8章 ディープラーニングを用いた因果探索』では、GANの技術をベースとした因果探索の手法であるSAMをとりあげ、その概要、ネットワーク構造、そして実際の因果探索の実施について、解説、実装を行いました。ディープラーニングの因果探索への適用はまだまだ発展途中ですが、因果探索の分野でもディープラーニングの活用が盛んになりつつあることを感じていただければ幸いです。

以上、本書で取り扱った内容の振り返りでした。上記の内容を思い出しながら、再度本書をはじめから読んでいただくと、さらに理解が深まるかと思います。

また、本書でも紹介しました、因果分析の分野を切り開いた大家である、ドナルド・ルービン（Donald Rubin）、ジューディア・パール（Judea Pearl）は両名とも存命です（2020年現在）。とくにパールはTwitterでも頻繁に情報発信しています（Judea Pearl@yudapearl）。パールのアカウントをフォローしていれば、最新の因果分析の情報などがたくさん入ってくるのでおすすめです（パールは御年80歳を超えているのですが、アクティブで本当に凄いなと尊敬しています）。

まえがきでも記載いたしましたが、本書は因果推論や因果探索を学びたいビジネスパーソンや初学者の方を対象とした書籍です。そのため厳密な数学的記述や証明そしてさらなる発展手法が気になる方は、続いて各種専門書に挑戦いただければ幸いです。

以上、本書を読了いただき、誠にありがとうございました。

2020年5月　小川雄太郎

索引

謝辞

　本書は、著者の「つくりながら学ぶ！」シリーズの第3冊目となります。既刊の2冊と同様に、マイナビ出版山口正樹様の丁寧なアドバイスとフィードバックによって、本書も出版までたどり着くことができました。ここに感謝の意を申し上げます。

著者紹介

小川 雄太郎（おがわ・ゆうたろう）

　SIerのAIテクノロジー部に所属。ディープラーニングをはじめとした機械学習関連技術の研究開発、教育、コンサルティング、受託案件、アジャイルでのソフトウェア開発を業務とする。

　明石工業高等専門学校、東京大学工学部を経て、東京大学大学院、神保・小谷研究室にて脳機能計測および計算論的神経科学の研究に従事し、2016年博士号（科学）を取得。東京大学特任研究員を経て、2017年4月より現職。

　本書の他に、『つくりながら学ぶ！ 深層強化学習 〜PyTorchによる実践プログラミング〜』、『つくりながら学ぶ！ PyTorchによる発展ディープラーニング』、『AIエンジニアを目指す人のための機械学習入門』なども執筆。

- GitHub：https://github.com/YutaroOgawa/
- Qiita：https://qiita.com/sugulu
- Qiita：https://qiita.com/yutaro_ogawa

[STAFF]
カバーデザイン：海江田 暁（Dada House）
制作：島村龍胆
編集担当：山口正樹

つくりながら学ぶ！
Pythonによる因果分析
因果推論・因果探索の実践入門

2020 年　6 月 25 日　初版第 1 刷発行
2023 年　6 月 15 日　　　第 6 刷発行

著　者　　　小川雄太郎
発行者　　　角竹輝紀
発行所　　　株式会社 マイナビ出版
　　　　　　〒101-0003 東京都千代田区一ツ橋2-6-3 一ツ橋ビル 2F
　　　　　　TEL：0480-38-6872（注文専用ダイヤル）
　　　　　　　　　　03-3556-2731（販売）
　　　　　　　　　　03-3556-2736（編集）
　　　　　　E-mail: pc-books@mynavi.jp
　　　　　　URL：https://book.mynavi.jp
印刷・製本　　シナノ印刷 株式会社